住房和城乡建设部"十四五"规划教材
职业教育装配式建筑工程技术系列教材

装配式建筑概论

（第二版）

肖明和　　王婷婷　　主编

中国建筑工业出版社

图书在版编目（CIP）数据

装配式建筑概论／肖明和，王婷婷主编 .—2 版
.—北京：中国建筑工业出版社，2023.7（2024.11 重印）
住房和城乡建设部"十四五"规划教材 职业教育装
配式建筑工程技术系列教材
ISBN 978-7-112-28537-2

Ⅰ.①装… Ⅱ.①肖…②王… Ⅲ.①装配式构件—
职业教育—教材 Ⅳ.① TU3

中国国家版本馆 CIP 数据核字（2023）第 048531 号

　　本教材共分 9 部分，主要内容包括绪论、装配式建筑常用材料与主要配件、装配式建筑基本构件与连接构造、装配式混凝土结构建筑、装配式钢结构建筑、装配式木结构建筑、装配式建筑构件生产、装配式建筑施工技术及 BIM 与装配式建筑等。本书结合高等职业教育的特点，立足基本概念的阐述，按照装配式建筑体系、装配式建筑构件生产、装配式建筑施工及 BIM 技术应用等全工艺流程组织教材内容的编写，同时嵌入混凝土构件生产及装配施工软件相应模块，把"案例教学法""做中学、做中教"的思想贯穿于整个教材的编写过程中，具有"实用性、系统性和先进性"的特色。

　　本书可作为高等职业院校建筑工程技术、装配式建筑工程技术、智能建造技术、工程造价、建设工程管理及相关专业的教学用书，也可作为本科院校、中等职业学校、培训机构及土建类工程技术人员的参考用书。

　　为方便教师授课，本教材作者自制免费课件，索取方式为：1. 邮箱 jckj@cabp.com.cn；2. 电话（010）58337285；3. 建工书院 http://edu.cabplink.com。

责任编辑：李天虹 李 阳
责任校对：孙 莹

住房和城乡建设部"十四五"规划教材
职业教育装配式建筑工程技术系列教材
装配式建筑概论
（第二版）
肖明和 王婷婷 主编

*

中国建筑工业出版社出版、发行（北京海淀三里河路 9 号）
各地新华书店、建筑书店经销
北京建筑工业印刷厂制版
廊坊市海涛印刷有限公司印刷

*

开本：787 毫米 ×1092 毫米 1/16 印张：13 字数：299 千字
2023 年 7 月第二版 2024 年 11 月第三次印刷
定价：39.00 元（赠教师课件）
ISBN 978-7-112-28537-2
（40995）

出版说明

党和国家高度重视教材建设。2016年，中办国办印发了《关于加强和改进新形势下大中小学教材建设的意见》，提出要健全国家教材制度。2019年12月，教育部牵头制定了《普通高等学校教材管理办法》和《职业院校教材管理办法》，旨在全面加强党的领导，切实提高教材建设的科学化水平，打造精品教材。住房和城乡建设部历来重视土建类学科专业教材建设，从"九五"开始组织部级规划教材立项工作，经过近30年的不断建设，规划教材提升了住房和城乡建设行业教材质量和认可度，出版了一系列精品教材，有效促进了行业部门引导专业教育，推动了行业高质量发展。

为进一步加强高等教育、职业教育住房和城乡建设领域学科专业教材建设工作，提高住房和城乡建设行业人才培养质量，2020年12月，住房和城乡建设部办公厅印发《关于申报高等教育职业教育住房和城乡建设领域学科专业"十四五"规划教材的通知》（建办人函〔2020〕656号），开展了住房和城乡建设部"十四五"规划教材选题的申报工作。经过专家评审和部人事司审核，512项选题列入住房和城乡建设领域学科专业"十四五"规划教材（简称规划教材）。2021年9月，住房和城乡建设部印发了《高等教育职业教育住房和城乡建设领域学科专业"十四五"规划教材选题的通知》（建人函〔2021〕36号）。为做好"十四五"规划教材的编写、审核、出版等工作，《通知》要求：（1）规划教材的编著者应依据《住房和城乡建设领域学科专业"十四五"规划教材申请书》（简称《申请书》）中的立项目标、申报依据、工作安排及进度，按时编写出高质量的教材；（2）规划教材编著者所在单位应履行《申请书》中的学校保证计划实施的主要条件，支持编著者按计划完成书稿编写工作；（3）高等学校土建类专业课程教材与教学资源专家委员会、全国住房和城乡建设职业教育教学指导委员会、住房和城乡建设部中等职业教育专业指导委员会应做好规划教材的指导、协调和审稿等工作，保证编写质量；（4）规划教材出版单位应积极配合，做好编辑、出版、发行等工作；（5）规划教材封面和书脊应标注"住房和城乡建设部'十四五'规划教材"字样和统一标识；（6）规划教材应在"十四五"期间完成出版，逾期不能完成的，不再作为《住房和城乡建设领域学科专业"十四五"规划教材》。

住房和城乡建设领域学科专业"十四五"规划教材的特点，一是重点以修订教育部、住房和城乡建设部"十二五""十三五"规划教材为主；二是严格按照专业标准规范要求编写，体现新发展理念；三是系列教材具有明显特点，满足不同层次和类型的学校专业教学要求；四是配备了数字资源，适应现代化教学的要求。规划教材的出版凝聚了作者、主审及编辑的心血，得到了有关院校、出版单位的大力支持，教材建设管理过程有严格保障。希望广大院校及各专业师生在选用、使用过程中，对规划教材的编写、出版质量进行反馈，以促进规划教材建设质量不断提高。

住房和城乡建设部"十四五"规划教材办公室
2021年11月

第二版前言

随着我国职业教育事业快速发展，体系建设稳步推进，国家对职业教育越来越重视，并先后发布了《国务院关于印发国家职业教育改革实施方案的通知》（国发〔2019〕4 号）和《关于推动现代职业教育高质量发展的意见》（2021 年第 30 号）等文件。同时，随着建筑业的转型升级，"产业转型、人才先行"，国家陆续印发了《关于大力发展装配式建筑的指导意见》（国办发〔2016〕71 号）、《住房和城乡建设部等部门关于推动智能建造与建筑工业化协同发展的指导意见》（建市〔2020〕60 号）、《住房和城乡建设部关于印发"十四五"建筑业发展规划的通知》（建市〔2022〕11 号）等文件，文件中提及要大力发展装配式建筑、加快建筑机器人研发和应用、推广绿色建造方式、培育建筑产业工人队伍等。因此，为适应建筑职业教育新形式的需求，编写组深入企业一线，结合企业需求及装配式建筑发展趋势，重新调整了建筑工程技术、装配式建筑工程技术和工程造价等专业的人才培养定位，使岗位标准与培养目标、生产过程与教学过程、工作内容与教学项目对接，实现"近距离顶岗、零距离上岗"的培养目标。

本教材根据高等职业教育土建类专业的人才培养目标、教学计划、装配式建筑概论课程的教学特点和要求，结合国家装配式建筑品牌专业群建设，按照装配式建筑体系、装配式建筑构件生产、装配式建筑施工及 BIM 技术应用等全工艺流程组织教材内容的编写，同时嵌入混凝土构件生产及装配施工软件相应模块，理论联系实际，突出案例教学，以提高学生的实践应用能力，具有"实用性、系统性和先进性"的特色。

本次修订，充分发挥教材提升学生政治素养、职业道德、精益求精、工匠精神的引领作用，创新教材呈现形式，实现"三全育人"，教材特色如下：

1. 坚持正确政治导向，弘扬劳动工匠风尚。教材以施工员所需的构件生产、装配施工能力为主线，使学生能够适应工程建设艰苦行业和一线技术岗位，融入劳动光荣、精益求精和工匠精神培育。

2. 实现"岗课赛证"融通，推进"三教"改革。结合施工员岗位技能，"课岗对接"，教材内容对接施工员岗位标准；"课赛融合"，将装配式建筑技能大赛内容融入教材，以赛促教、以赛促学；"课证融通"，将 1 + X 装配式建筑构件制作与安装职业技能等级证书内容融入教材，促进课证互嵌共生、互动共长。

3. 创新"互联网＋"融媒体，建设立体化教学资源。本教材以纸质教材为基础，建设了"教材＋素材库＋题库＋教学课件＋测评系统＋名师授课录像＋课程思政"的立体化教学资源。围绕"互联网＋"，配备丰富的数字资源，可扫描书中二维码查看；围绕"＋课程思政"，挖掘课程思政元素，特别是工程建设所需的家国情怀、工匠精神、劳动风尚、精益求精，设置了不同结构形式的装配式建筑案例，凸显"精益求精""遵纪守法"，教师和学生可以利用课程资源平台实现自学、训练、解惑、测试等全过程，有效实现线上线下的混合式教学。

  本书由济南工程职业技术学院肖明和、王婷婷（大）主编，济南工程职业技术学院李静文、曲大林、王晓梅、德州职业技术学院王刚任副主编；山东新之筑信息科技有限公司辛秀梅、济南工程职业技术学院齐高林、苏洁、王婷婷（小）参编。根据不同专业需求，本课程建议安排32学时。针对培养学生实践技能的要求，编写组另外组织编写了与本书相配套的《装配式建筑混凝土构件生产》《装配式建筑施工技术》等系列教材，并已同步出版，该系列教材重点突出实操技能培养，以真实的项目案例贯穿始终，结合虚拟仿真软件模拟实训，以提高学生的实际应用能力，有助于学生更好地掌握装配式建筑技术的实践技能。山东新之筑信息科技有限公司为本书提供软件技术支持，并对本书提出很多建设性的宝贵意见，在此深表感谢。

  本书在编写过程中参考了国内外同类教材和相关的资料，在此一并向原作者表示感谢！由于编者水平有限，教材中难免有不足之处，敬请读者批评指正。

目 ● 录

绪　论

【教学目标】通过本部分学习，掌握建筑产业现代化、装配式建筑、装配化施工等基本概念，了解国外装配式建筑发展历程与现状、中国装配式建筑发展历程与现状，熟悉国内部分装配式建筑企业在装配式建筑构件生产、装配化施工等方面的发展现状及产品。

【课程思政】2020年，一场突如其来的疫情袭击了武汉。为了打赢武汉保卫战、湖北保卫战，约4万名建设者日夜鏖战，靠钢铁意志和顽强决心，靠大灾大难面前攻坚克难的勇气，在全国人民的支援下，创造10天左右时间建成火神山医院的奇迹，后又建成了雷神山医院。两座医院以小时计算的建设进度，演绎了新时代的中国速度。这两座医院的建设主要采用了装配式建筑和BIM技术，最大限度地采用拼装式工业化成品，大幅减少了现场作业的工作量，节约了大量的时间。

通过火神山、雷神山医院案例，让学生感受中国速度、中国精神，更充分展现了团结拼搏的"中国力量"，激发学生建设中国特色社会主义事业的责任感和使命感。

0.1 基 本 概 念

　　建筑业作为国民经济的支柱产业，是指专门从事土木工程、房屋建设、设备安装以及工程勘察设计工作的生产部门，其产品表现为各种工厂、矿井、铁路、桥梁、港口、道路、管线、房屋以及公共设施等建筑物和构筑物。随着国家推进建筑产业转型升级的步伐加快，建筑产业发展的最终目标是实现建筑产业现代化。那么，作为刚刚跨进大学校门并且选择了建筑工程技术等相关专业的学生来说，什么是"建筑产业现代化"？"建筑产业现代化"的发展前景如何？……要了解这些问题，首先需要了解"建筑产业现代化""装配式建筑""装配化施工"等相关概念。

0.1.1 建筑产业现代化基本概念

　　建筑产业现代化是指以绿色发展为理念，以现代科学技术进步为支撑，以工业化生产方式为手段，以工程项目管理创新为核心，以世界先进水平为目标，广泛运用信息技术、节能环保技术，将建筑产品生产全过程联结为完整的一体化产业链系统。其过程包括融投资、规划设计、开发建设、施工生产、管理服务以及新材料、新设备的更新换代等环节。简单地说，建筑产业现代化是指运用现代化管理模式，通过标准化的建筑设计以及模数化、工厂化的部品生产，运用信息技术手段，实现建筑构件和部品的通用化和现场施工的装配化、机械化。

　　发展建筑产业现代化，有利于建筑业在推进新型城镇化、建设美丽中国、实现中华民族伟大复兴的历史进程中，进一步强化和发挥作为国民经济基础产业、民生产业和支柱产业的重要地位，带动相关产业链发展的先导和引领作用。全面促进和实现建筑产业现代化既是一个漫长的历史发展过程，又是一个系统工程，需要政府、主管部门、行业协会、广大企业、大专院校共同关注、强力推进，最终才能实现建筑产业现代化。

0.1.2 装配式建筑基本概念

装配式建筑
施工动画

　　装配式建筑是指把传统建造方式中的大量现场作业工作转移到工厂进行，在工厂加工制作好的建筑部品、部件，如楼板、墙板、楼梯、阳台、空调板等，运输到建筑施工现场，通过可靠的连接方式在现场装配安装而成的建筑。装配式建筑主要包括装配式混凝土结构、装配式钢结构及装配式木结构等建筑。装配式建筑采用标准化设计、工厂化生产、装配化施工、一体化装修、信息化管理，

是现代工业化生产方式。大力发展装配式建筑，是落实中央城市工作会议精神的战略举措，是推进建筑产业转型升级的重要方式；大力发展装配式建筑，是实施推进"创新驱动发展、经济转型升级"的重要举措，也是切实转变城市建设模式，建设资源节约型、环境友好型城市的现实需要。

0.1.3　装配化施工基本概念

装配化施工是指将通过工业化方式在工厂制造好的建筑产品（构件、配件、部件），在施工现场通过机械化、信息化等工程技术手段按照一定的工法和标准进行组合和安装，建成具有特定建筑产品的一种建造方式。

0.2　国外装配式建筑发展历程与现状

0.2.1　国外装配式建筑发展历程

国外装配式
建筑图集锦

1. 17 世纪国外装配式建筑

17 世纪，欧洲建筑开始采用一些定型的预制构件搭建帐篷和简易房屋，开始走上工业化道路，初期的预制构件多数是金属通过手工铸造或锤打成形，成为建设房屋的配件。第一次工业革命后，蒸汽动力的出现促进了机械业的发展，手工的劳作逐渐被机器所取代，使得劳动力被进一步解放，金属材料构件开始普及。

2. 18 世纪国外装配式建筑

18 世纪，英国发明了波特兰水泥，这种水泥与水混合后可以快速结硬，加入石子和砂子混合后十分坚固，如果在其中放入木棍或者钢材，就可以做成承载力很强的构件，这就形成了钢筋混凝土结构。随着混凝土的配方被不断改进，钢筋混凝土房屋以其坚固的性能赢得了人们的青睐，并且很快传播到世界各地。由于混凝土生产需要大量使用水，冬季在现场无法施工，人们效仿金属构件预制的方法，将一些构件转移到室内生产，这就成了预制混凝土构件。

3. 19 世纪国外装配式建筑

19 世纪，欧洲大城市人口不断增加，受到汽车工业化的影响，制造业的优势日益突显，建筑走上工业化道路已成为必然，此时，盒子建筑（标准化的预制装配式空间模块）钢筋混凝土框架结构应运而生。

4. 20 世纪国外装配式建筑

20 世纪 30 年代，苏联在工业建筑中推行建筑构件标准化和预制装配方法，第二次世界大战后，为修建大量的住宅、学校和医院等，定型设计和预制构件有了很大发展。20 世纪 50 年代，欧洲由于受"二战"的严重创伤，房屋短缺的同时又缺乏劳动力，建筑师开始大规模开发模数化系统，开始研发结构合理、成本较低的工业化建筑。1961—1964 年德国发展了钢结构体系，住宅建筑工业化的高潮遍及欧洲各国，并发展到美国、加拿大、日本等经济发达国家。在建筑工业化的道路上，由于各国的资源条件和经济条件不同，具有足够资本积累和金属材料资源的国家钢结构发展迅速，一些国家由于钢材紧缺，一般以发展混凝土结构为主。

经过几十年的发展，各国建筑工业化都有自己的特点：如德国的厂房利用钢结构较多；苏联、意大利等国装配式混凝土结构技术具备了成熟的建筑规范和标准；瑞典开发了大型混凝土预制板的工业化体系；法国走过了一条以全装配式大板和工具式模板现浇工艺为标准的建筑工业化的道路，推广"构造体系"，推行构件生产与施工分离，发展面向全行业的通用构配件的商品生产。例如："人居 67"生态公寓（图 0-1）是一座位于加拿大蒙特利尔圣罗伦斯河畔的住宅小区，虽然它看上去不那么"美观"，也不够有"生活气息"，但其奇特的外观使得它成为当地的地标之一。该项目作为 1967 年蒙特利尔世博会的内容而实现，设计师设计建造"人居 67"生态公寓时，基于向中低收入阶层提供社会福利（廉价）住宅的理想，将每一盒子式的住宅单元都设定为统一的模块，然后预制建造出来，再像集装箱那样以参差错落的形式堆积起来。"人居 67"生态公寓巧妙地利用了立方体的形态，将 354 个灰米黄色的立方体错落有致地码放在一起，最终构成 158 个单元。这种空间规划设计，既包含了立方体坚固的特点，又表现了错综复杂的美学形态，同时保证了户户都有花园和阳台的要求，更同时兼顾了隐私性与采光性，表明未来住宅人性化、生态化的发展方向。

图 0-1　加拿大"人居 67"生态公寓

0.2.2　国外装配式建筑发展现状

由于各国资源条件、经济水平、劳动力状况、文化素质、地域特点以及历史文化等差异，其装配式建筑发展区别很大。

1. 美国

美国物质技术基础较好，商品经济发达，且未出现过欧洲国家在第二次世界大战后曾经遇到的房荒问题，因此美国并不太提"住宅产业化"，但他们的建筑业仍然是沿着工业化道路发展的，而且已达到较高水平。这不仅反映在主体结构构件的通用化上，而且特别反映在各类制品和设备的社会化生产和商品化供应上。除工厂生产的活动房屋和成套供应的木框架结构的预制构配件外，其他混凝土构件与制品、轻质板材、室内外装修以及设备等产品十分丰富。20 世纪 70 年代全国有混凝土制品厂 3000 多家，所提供的通用梁、柱、板、桩等预制构件共 8 大类 50 余种产品，其中应用最广的是单 T 板、双 T 板、空心板和槽形板。这些构件的特点是结构性能好、用途多，有很大通用性，也易于机械化生产。美国发展建筑装饰装修材料的特点是基本上消除了现场湿作业，同时具有较为配套的施工机具。厨房、卫生间、空调和电器等设备近年来逐渐趋向组件化，以提高工效、降低造价，便于派技术工人安装。

例如南加州大学 Wallis Annenberg 大楼于 2014 年秋季投入使用，是南加州大学新闻传媒学院的新教学大楼，共 5 层，占地 88000 平方英尺。建筑兼具古朴与华丽，雕花拱形外墙板由预制混凝土打造，在墨西哥的预制工厂浇筑、固化成型，2014 年 8 月下旬运输至施工现场，9 月初吊装完成，安装周期仅用了短短半个月时间，如果采用现浇几乎不可能实现。该建筑利用混凝土建筑的多功能性和可塑性，建筑外墙富有深度设计感、充满戏剧感和大胆创意。设计的复杂之处在于预制模块中间的凹陷的拱形窗户、蚀刻在墙板上的桃花图案，细节之处尽显华丽质感。同时，预制的外墙是结构装饰一体化的形式，在工厂生产的预制构件已经完成了装饰面，现场装配施工完成后没必要再进行外装修，因此可以大大节约工期，综合节省工程造价，并且建筑可以尽早投入使用，如图 0-2～图 0-6 所示。

2. 德国

德国的装配式混凝土住宅主要采取叠合板、剪力墙结构体系，剪力墙板、梁、柱、楼板、内隔墙板、外挂板、阳台板等构件采用预制构件，耐久性较好。20 世纪末德国在建筑节能方面提出了"3 升房"的概念，即每平方米建筑每年的能耗不超过 3L 汽油，并且德国是建筑能耗降低幅度发展最快的国家，近几年提出零能耗的被动式建筑。被动式房屋除了保温性、气密性能绝佳以外，还充分考虑对室内电器和人体热量的利用，可以用非常小的能耗将室内调节到合适的温度，非常节能环保。从大幅度的节能到被动式建筑，德国都采取了装配式的住宅来实施，这就需要装配式住宅与节能标准相互之间充分融合，例如图 0-7 中所示的德国柏林装配式剪力墙结构。在德国，用双面预制叠合墙板做地下室的挡土墙是非常成熟的体系（图 0-8）；双面预制叠合式剪力墙是典型的免模板技术，墙板的两层预制混凝土之间通过桁架钢筋连接，构件中间的空腔部位

图 0-2　南加州大学 Wallis Annenberg 大楼

图 0-3　预制件存放

图 0-4　在工厂的预制件

图 0-5　现场吊装

图 0-6　某预制构件厂全貌

在现场装配完成后进行混凝土浇筑，一般采用叠合楼板现浇层与墙身现浇层同时浇筑的方法，再加上桁架钢筋使得预制构件和现浇层结合紧密，因此建筑的整体性、防水性、抗震性都比较好，典型工程如图0-9所示。

3. 澳大利亚

在澳大利亚，几乎所有的建筑材料都是工厂按照国家标准生产的半成品或成品，建筑商只是买来这些住宅构件和部品，按照设计图纸组装。

澳大利亚为实现建筑节能，政府修改了住宅墙体标准，如要求和允许使用特殊化纤板和隔热填充材料，并与保险制度挂钩。不按设计标准建房，则增加保险费或不予保险；没有质量保险的房子就会失去市场，于是，建筑商就只能购买符合标准的建筑部品，这就有效地培养了市场需求。建筑商到市场上购买符合标准的住宅构件和部品，可以降低造价，可以贷款和获得建筑保险，并能获得政府批准。所以说，住宅部品的市场化是在政府和私人机构的双重干预下建立和运行起来的，如图0-10所示。

例如：名为"波浪"的住宅大楼建于澳大利亚最负盛名的黄金海岸。除却巍峨的高度成就其一览众山小的骄人之姿，另有曲面弧形预制板完美打造了无论横看还是侧观，均能产生自由荡漾之感的独特外观，如图0-11所示。

图 0-7 德国柏林装配式剪力墙结构（16层）

图 0-8 叠合墙板体系

图 0-9 德国装配式别墅

图 0-10 纤维石膏空心大板复合墙体

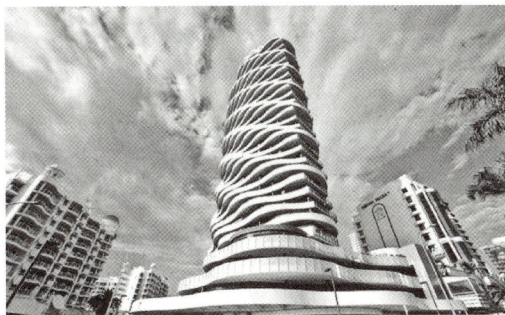
图 0-11 波浪大楼

4. 日本

日本是世界上率先在工厂里生产住宅的国家，早在 1968 年"住宅产业化"一词就在日本出现，住宅产业化是随着住宅生产工业化的发展而出现的。

标准化是推进住宅产业化的基础，日本住宅部件化程度很高。由于有齐全、规范的住宅建筑标准，建房时从设计开始，就采用标准化设计，产品生产时也使用统一的产品标准。因此，建房使用部件组装应用十分普及。例如：日本中银舱体楼位于东京新桥，占地 $3091.23m^2$，共 13 层，是把办公与住宅合而为一的综合楼房。紧凑的内部空间里各种生活家电、家具有序放置，一应俱全。该大楼建立于 1972 年，虽于 2010 年失修，但纽约时报仍赞誉其具有华丽完美的建筑结构。胶囊大楼由钢架和钢筋混凝土构建而成，其内部楼梯、地板以及电梯井道均由预制混凝土倾情打造。此外以胶囊体这一新颖外观呈现的居住空间共由 140 块预制模块构成，每个独立模块均可随意拆除而不影响整体稳定，如图 0-12 所示。

图 0-12 日本中银舱体楼

再如：日本的 KSI 体系住宅将集合住宅明确地区分为结构体部分（Skeleton，主体以及公用设备）和填充体部分（Infill，住户私有部分的内装修以及设备）。KSI 住宅由具有高耐久性主体的结构体，以及下水管道位置可以改变的填充体构成。因此，虽然它属于集合住宅，但是其上下层中可以采取不同风格的房间布局。此外，住宅的用途和规格也可以进行变更，比如变更为办公室或商业设施等，如图 0-13、图 0-14 所示。

图 0-13　框架节点

图 0-14　施工现场

0.3　中国装配式建筑发展历程与现状

0.3.1　中国装配式建筑发展历程

1. 20 世纪 50 年代中国装配式建筑

20 世纪 50 年代，国家为了经济建设发展，首先向苏联学习工业厂房的标准化设计和预制建造技术，大量的重工业厂房多数采用预制装配的方法进行建设，预制混凝土排架结构发展很好，预制柱、预制薄腹梁、预应力折线型屋架、鱼腹式吊车梁、预制预应力大型屋面板、预制外墙挂板等被大量采用，房屋预制构件产业上升到一个很高的水平，在国家钢材和水泥严重紧缺的情况下，预制技术为国家的工业发展做出了应有的贡献，如图 0-15 所示。

2. 20 世纪 60 年代中国装配式建筑

20 世纪 60 年代，随着中小预应力构件的发展，城乡出现了大批预制件厂。用于民用建筑的空心板、平板、檩条、挂瓦板；用于工业建筑的屋面板、F 形板、槽形板以及工业与民用建筑均可采用的 V 形折板等成为这些构件厂的主要产品，预制件行业开始形成。

3. 20 世纪 80 年代中国装配式建筑

20 世纪 80 年代，国家发展重心从生产逐渐向生活过渡，城市住宅的建设需求量不断加大，为了实现快速建设供应，借鉴苏联和欧洲预制装配式住宅的经验，开始了装配式混凝土大板房的建设，并迅速在北京、沈阳、太原、兰州等大城市进行推广，特别是北京市在短短 10 年内建设了 2000 多万平方米的装配式大板房，装配式结构在民用建筑领域掀起了一次工业化的高潮。但由于当时基础性的保温、防水材料技术比较低，在保温隔热、隔声防水等性能方面普遍存在严重缺陷，首轮分配到大板房的居住者多数是中、高层干部，在体验了大板房"夏热冬冷"的特点后，进一步影响了消费者的信心。

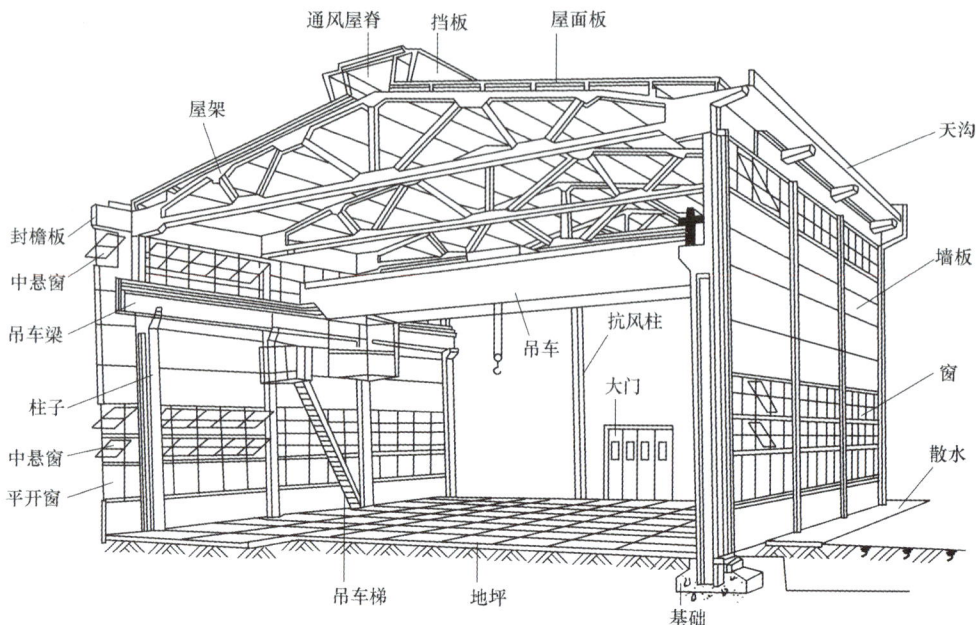

图 0-15　预制工业厂房混凝土排架结构

4. 20世纪90年代中国装配式建筑

20世纪90年代，国家开始实行房改，住宅建设从计划经济时代的政府供给分配方式向市场经济的自由选择方式过渡，住宅建设标准开始多元化，预制构件厂原有的模具难以适应新住宅的户型变化要求，其计划经济的经营特征无法满足市场变化的需求，装配式大板结构几乎全部迅速下马，被市场淘汰。

5. 21世纪中国装配式建筑

进入21世纪，随着全社会资源环境危机意识的加强，以及我国特殊的城镇化需求与土地等资源匮乏的现状，2004年政府提出了发展节能省地型住宅的要求，也即"五节一环保"，并在新版的《住宅建筑规范》《住宅性能认定标准》中做了具体详细的要求。随着我国的经济水平和科技实力不断加强，各行各业的产业化程度不断提高，建筑房地产业得到长足发展，材料水平和装备水平足以支撑建筑生产方式的变革，我国的住宅产业化进入了一个新的发展时期，再加上受到劳动力人口红利逐渐消失的影响，建筑业的工业化转型迫在眉睫，但由于我国预制建筑行业已经停滞了将近30年，专业人才存在断档、技术沉淀几近消亡，众多企业和社会力量不得不投入大量人力、财力、物力进行建筑工业化研究，从引进技术到自主研发，不断积极探索，随着新编制的《装配式混凝土结构技术规程》JGJ 1—2014于2014年10月1日生效，我国装配式建筑产业发展开始重新起步，即掀起又一次装配式建筑发展的高潮。

0.3.2　中国装配式建筑发展现状

随着北京、上海、深圳、济南、沈阳等城市对装配式建筑的推进，

国内装配式
建筑图集锦

带动了多地的装配式建筑发展，众多企业纷纷启动装配式建筑试点项目，出现了多种新型结构体系和技术路线，形成了"百花齐放、百家争鸣"的良好发展态势。

目前中国众多的装配式建筑结构体系中，主要以装配式混凝土结构为主，其次为钢结构住宅。其中预制装配式混凝土结构住宅又以剪力墙结构和框架结构为主要代表。下面主要介绍国内部分装配式建筑企业概况。

1. 万科集团

万科企业股份有限公司（简称万科或万科集团）从 1999 年开始成立住宅研究院，2004 年正式启动住宅产业化研究，在东莞松山湖建立了万科建筑研究基地，技术研发方面先后投入数亿元，从研究和学习日本的预制装配式建筑开始，逐渐演变到自主研发创新发展道路，目前已初见成效。现在万科在深圳、北京、上海、南京用装配式结构建设的 PC 住宅已经接近 1000 万 m²，成为国内引领产业化发展的龙头企业。

深圳万科目前的装配式结构住宅主要有预制外墙挂板和预制装配式剪力墙两种体系，外墙挂板体系经历了从日本的"后装法"向中国香港的"先装法"转变的过程，逐渐走向成熟；其自主研发的预制装配式剪力墙结构体系也经历了从单纯的"预制纵向外剪力墙"转向"预制横向剪力墙和内剪力墙"的过程，建筑的装配率和预制率不断提高，目前技术已经成熟，正在逐步提升经济性。关键技术为"钢筋套筒灌浆连接""夹心三明治保温外墙""构件装饰一体化"等。如图 0-16 所示为深圳万科在深圳龙悦居 22 万 m² 装配式结构保障房中采用自行生产的 PC 外墙挂板。

图 0-16　深圳万科生产的 PC 外墙挂板

北京万科与清华大学、北京市设计院、榆树庄构件厂联合开展预制剪力墙技术研究，用于高层住宅的建设，在中粮假日风景项目首次采用了灌浆套筒和夹心墙板技术，其后在房山长阳半岛、住总万科城等项目进行了大面积推广，如图 0-17 所示。

2. 远大住工

远大住宅工业集团股份有限公司（简称远大住工）自 1999 年开始，从整体卫浴开始研究，逐渐向装配式别墅房屋和高层住宅发展，远大住工的技术体系特点为剪力墙结构全部现浇，外墙挂板、叠合楼板、内隔墙全部预制，已完成产业化项目的建筑面积达 200 万 m² 以上。构件采用预制构件流水线生产，生产效率高、成本低，如图 0-18、图 0-19 所示。

图 0-17　北京万科生产的灌浆套筒剪力墙

（a）

（b）

（c）

（d）

图 0-18　远大住工 PC 生产线

（a）钢轨轮流水线；（b）振动台；（c）翻转台；（d）刮平机

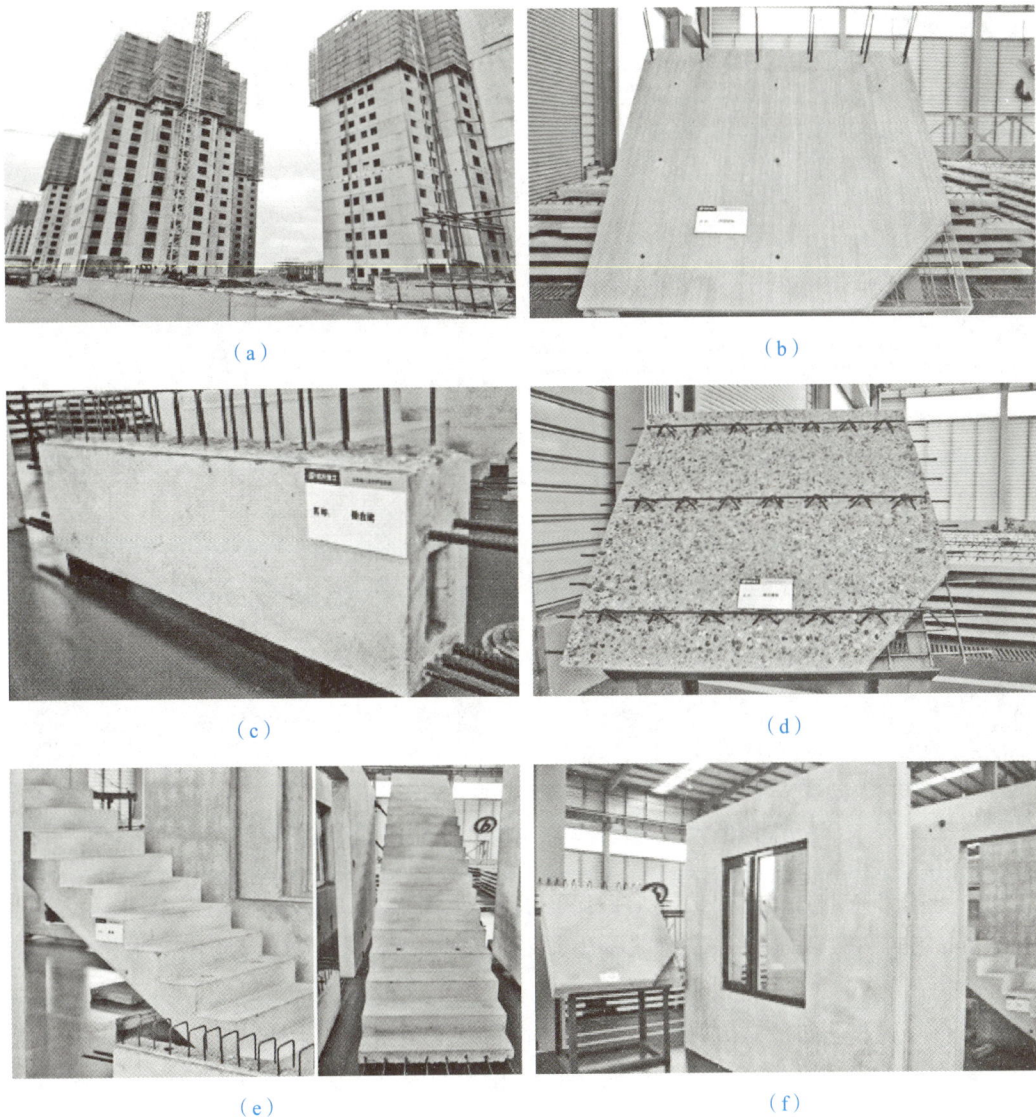

图 0-19 远大住工预制构件

（a）远大住工保障房项目；（b）外墙挂板；（c）叠合梁；（d）叠合楼板；（e）预制楼梯；（f）保温墙

3. 中南建设

中南建设集团有限公司（简称中南建设）自 2006 年开始从澳大利亚引进 NPC 体系，该体系的特点为外墙、剪力墙、核心筒及叠合楼板均采用预制。中南建设已完成装配式剪力墙结构住宅达 50 万 m^2 以上，预制率较高，该公司核心技术为波纹管预留孔浆锚钢筋间接搭接技术，如图 0-20 所示为中南建设沈阳预制构件厂全自动流水生产线。

4. 三一重工

三一重工股份有限公司（简称三一重工）作为混凝土行业的领军企业，利用世界级工厂的先进技术与设备，打造顶级的 PC 成套设备，已成为行业内唯一可提供 PC 成

图 0-20　中南建设沈阳预制构件厂全自动流水生产线

套设备解决方案的企业，可为客户提供售前规划咨询、构件设计、构件生产安装培训等服务。由于 PC 流水线是生产混凝土预制件的核心，三一 PC 自动化流水生产线采用环形生产方式，以每台设备加工的标准化、每个生产工位的专业化，将钢筋、混凝土、砂石等原材料加工成高质量、高环保的混凝土预制件。生产线包含模台清理、画线、装边模等十多道生产工序，可选用自动和手动两种控制方式进行操作，如图 0-21 所示。

5. 合肥宝业西伟德

宝业西伟德混凝土预制件（合肥）有限公司（简称合肥宝业西伟德）成立于2007年，同年，合肥经开区引进德国技术和自动化流水生产线，2011 年与国家住宅产业化示范基地企业绍兴宝业合资参股，生产桁架钢筋双面预制叠合式剪力墙和桁架钢筋叠合楼板，已完成近 50 万 m² 装配式结构住宅、车库，如图 0-22、图 0-23 所示。技术体系特点为：装配现浇后的房屋整体性好，生产过程自动化程度高、安装过程效率高。

6. 杭萧钢构

杭萧钢构股份有限公司（简称杭萧钢构）专业从事钢结构住宅产业化。在楼承板、内外墙板、梁柱节点、结构体系、构件形式、钢结构住宅、防腐防火和施工工法等方面先后获得 200 余项国家专利成果。其中，钢筋桁架楼承板是将楼板中的钢筋在工厂加工成钢筋桁架，并将钢筋桁架与镀锌压型钢板焊接成一体的组合模板。在施工阶段，

图 0-21　三一生产线

图 0-22　叠合式剪力墙

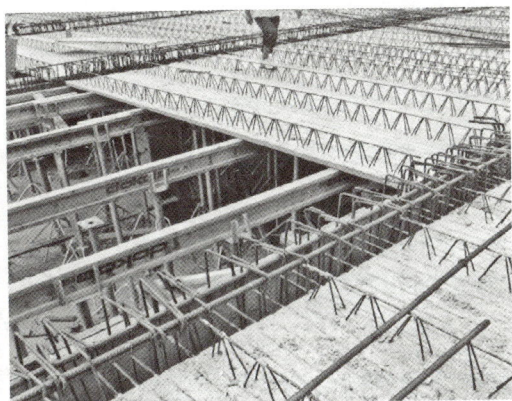

图 0-23　桁架钢筋叠合楼板

钢筋桁架楼承板可承受施工荷载，直接铺设到梁上，进行简单的钢筋工程便可浇筑混凝土。由于完全替代了模板功能，减少了模板架设和拆卸工程，大大提高了楼板施工效率。

　　钢筋桁架楼承板具有经济、便捷、安全、可靠的特点。目前被广泛用于多层厂房，多层、高层、超高层钢结构楼宇，各种不规则楼面，各类预制板，高速铁路等结构和建筑领域，如图 0-24 所示。

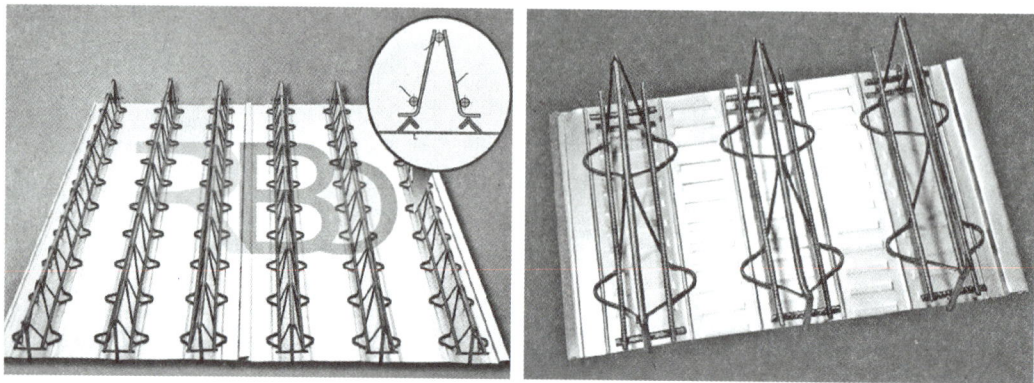

图 0-24　钢筋桁架楼承板

7. 山东万斯达

山东万斯达建筑科技股份有限公司（简称山东万斯达）是我国最早从事装配式建筑体系研究、产品开发、设计、制造、施工及产业化人才培养的高新技术企业之一，是住房和城乡建设部"国家住宅产业化基地"。已经在章丘、济阳、长清、高新区建立四家构件生产厂，年产能可满足 300 万 m² 建筑的需求。现已完成济南工程职业技术学院 3 号实训楼、济南西客站片区安置三区 B3 地块小学、济水上苑 17 号住宅楼、西蒋峪 B 地块幼儿园、西蒋峪小学、港新园公租房等省级建筑产业化项目（如图 0-25、图 0-26 所示），山东万斯达的主要产品包括预制混凝土叠合板、预制混凝土墙板、预制混凝土梁柱、预制混凝土楼梯及预制混凝土阳台（如图 0-27 所示），上述产品按照建筑设计要求在工厂制造完成，实行工厂化作业；制造完成后运输到施工现场，经组装连接形成满足预定功能要求的建筑物，能显著提升施工效率、节省施工成本以及改善作业环境。

图 0-25　济水上苑 17 号住宅楼
（装配整体式剪力墙结构）

图 0-26　济南工程职业技术学院 3 号实训楼
（钢框架-外挂保温剪力墙板-PK 叠合板）

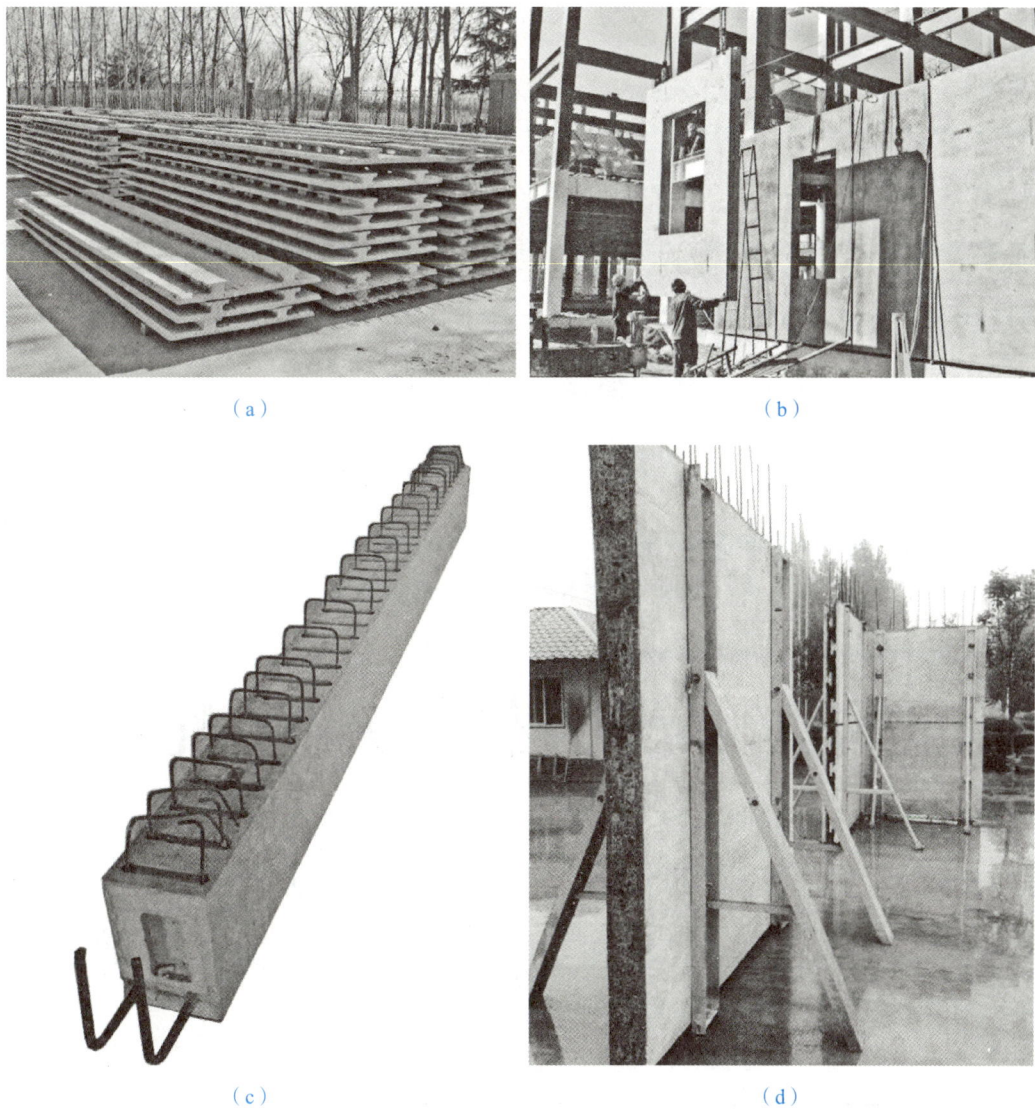

（a）

（b）

（c）

（d）

图 0-27　山东万斯达生产的产品

（a）PK 叠合楼板；（b）PK 保温外墙挂板；（c）预制梁；（d）PK 剪力墙

习　　题

1. 简述建筑产业现代化基本概念。
2. 简述装配式建筑基本概念。
3. 简述装配化施工基本概念。
4. 简述国外装配式建筑发展现状。
5. 简述国内装配式建筑发展现状。

教学单元 1

装配式建筑常用材料与主要配件

【**教学目标**】通过本部分学习，掌握混凝土的概念、混凝土的制作要求及材料存放要求；掌握混凝土制备前准备工作及混凝土搅拌要求；掌握钢筋与型钢的种类；掌握保温材料的种类及作用；掌握外墙保温拉结件、预埋螺栓与螺母、预埋吊件及预埋管线的概念及作用。

【**课程思政**】2022 年北京冬奥会，碲化镉发电玻璃成为绿色奥运和科技奥运的创新点。这种由我国自主研发的新型建筑材料制造成本低，弱光也能发电，实现了科技与绿色的完美融合。时代成就梦想，创新决定未来。

通过案例引入，坚定创新自信，培养学生创新意识，使学生养成敢于实践、勇于创新的优良个性。激发学生科技报国的家国情怀和使命担当，为加快实现国家高水平科技自立自强贡献青春力量。

1.1　混　凝　土

混凝土是指由胶凝材料、骨料和水（或不加水）按适当的比例配合、拌合制成混合物，经一定时间硬化而成的人造石材。通常所说的混凝土是指用水泥作胶凝材料，砂、石作骨料，与水（可含外加剂和掺合料）按一定比例配合，经搅拌而得的水泥混凝土，也称普通混凝土，它广泛应用于土木工程。在装配式建筑中主要用于制作预制混凝土构件和现场后浇，如图 1-1、图 1-2 所示。

图 1-1　叠合板混凝土浇筑

图 1-2　叠合板混凝土浇筑成型

1.1.1　混凝土的基本要求

1. 混凝土制作要求

装配式混凝土结构中，混凝土的各项力学性能指标和有关结构耐久性的要求应符合现行国家标准《混凝土结构设计规范》GB 50010—2010（2015 年版）的规定。预制构件的混凝土强度等级不宜低于 C30，预应力混凝土预制构件的混凝土强度等级不宜低于 C40，且不应低于 C30；现浇混凝土的强度等级不应低于 C25。

水泥宜采用不低于 42.5 级硅酸盐、普通硅酸盐水泥，砂宜选用细度模数为 2.3～3.0 的中粗砂，石子宜选用 5～25mm 碎石，质量应符合《普通混凝土用砂、石质量及检验方法标准》JGJ 52—2006 的规定，不得使用海砂。

2. 混凝土材料存放要求

混凝土原材料应按品种、数量分别存放，并应符合下列规定：

（1）水泥和掺合料应存放在筒仓内，储存时应保持密封、干燥、防止受潮。

（2）砂、石应按不同品种、规格分别存放，并应有防尘和防雨等措施。

（3）外加剂应按不同生产企业、不同品种分别存放，并有防止沉淀等措施。

1.1.2 混凝土的制备

1. 制作前的准备工作

（1）材料与主要机具

① 水泥。水泥进场时必须有出厂合格证和试验报告单，并对其品种、级别、包装或散装仓号、出厂日期等进行检查，并对其强度、安定性及其他必要的性能指标进行复验，其质量必须符合现行国家标准《通用硅酸盐水泥》GB 175—2007 的规定，当对水泥质量有怀疑或水泥出厂超过 3 个月（快硬硅酸盐水泥超过 1 个月）时，应复查试验，并按试验结果使用。钢筋混凝土结构、预应力混凝土结构中严禁使用含氯化物的水泥。

② 砂。混凝土用砂一般以中、粗砂为宜。砂必须符合有害杂质最大含量低于国家标准规定的要求，砂中的有害杂质的多少会直接影响到混凝土的质量，如云母、黑云母、淤泥和黏土、硫化物和硫酸盐、有机物等。有害杂质会对混凝土的终强度、抗冻性、抗渗性等方面产生不良影响或腐蚀钢筋影响结构的耐久性。

③ 石子。混凝土中所用石子应尽可能选用碎石，碎石由人工破碎，表面粗糙，空隙率和总表面积较大，故所需的水泥浆较多，与水泥浆的黏结力强，因此碎石混凝土强度较高。

④ 主要机具。混凝土搅拌机按其搅拌原理分为自落式和强制式两类。自落式搅拌机适用于搅拌流动性较大的混凝土（坍落度不小于 30mm），强制式搅拌机和自落式搅拌机相比，搅拌作用强烈，搅拌时间短，适于搅拌低流动性混凝土、干硬性混凝土和轻骨料混凝土。

（2）作业条件

① 试验室已下达混凝土配合比通知单，严格按照配合比进行生产任务，如有原材变化，以试验室的配合比变更通知单为准，严禁私自更改配合比。

② 所有的原材料经检查，全部应符合配合比通知单所提出的要求。

③ 搅拌机及其配套的设备应运转灵活、安全可靠。电源及配电系统符合要求，安全可靠。

④ 所有计量器具必须有检定的有效期标识。计量器具灵敏可靠，并按施工配合比设专人定磅。

⑤ 新下达的混凝土配合比，应进行开盘鉴定。

2. 混凝土搅拌要求

（1）准备工作

每台班开始前，对搅拌机及上料设备进行检查并试运转；对所用计量器具进行检查并定磅；校对施工配合比；对所用原材料的规格、品种、产地、牌号及质量进行检查，并与施工配合比进行核对；对砂、石的含水率进行检查，如有变化，及时通知试验人员调整用水量。一切检查符合要求后，方可开盘拌制混凝土。

（2）物料计量

① 砂、石计量：采用自动上料，需调整好斗门关闭的提前量，以保证计量准确。

砂、石计量的允许偏差应≤±2%。

② 水泥计量：搅拌时采用散装水泥时，应每盘精确计量。水泥计量的允许偏差应≤±1%。

③ 外加剂及混合料计量：使用液态外加剂时，为防止沉淀要随用随搅拌。外加剂的计量允许偏差应≤±1%。

④ 水计量：水必须盘盘计量，其允许偏差应≤±1%。

（3）第一盘混凝土拌制的操作

① 每工作班拌制第一盘混凝土时，先加水使搅拌筒空转数分钟，搅拌筒被充分湿润后，将剩余积水倒净。

② 搅拌第一盘时，由于砂浆粘筒壁而损失，因此，根据试验室提供的砂石含水率及配合比配料，每班第一盘料需增加水泥10kg，砂20kg。

③ 从第二盘开始，按给定的配合比投料。

搅拌时间控制：混凝土搅拌时间在60～120s之间为佳。冬期施工时搅拌时间应取常温搅拌时间的1.5倍。

（4）出料时的外观及时间

出料前，在观察口目测拌合物的外观质量，保证混凝土应搅拌均匀、颜色一致，具有良好的和易性。每盘混凝土拌合物必须出尽，下料时间为20s。

（5）混凝土拌制的检查及技术要求见表1-1。

混凝土拌制的检查及技术要求　　　　　表1-1

检验项目	技术要求	检验方案		检验方法
		检验员	操作者	
称量误差值	水泥、掺合料、外加剂≤1%	日常巡检抽检≥1次/班	自检	目测标准砝码
混凝土配方	见混凝土配合比	巡检	自检	目测
搅拌时间	见上述第（3）点	巡检	自检	目测
坍落度	保证坍落度9～12cm	日常巡检抽检≥1次/班	自检	目测坍落度筒
混凝土强度等级	≥C30	抽检≥1次/班	试验室	试件

1.2　钢筋与型钢

钢筋与型钢图集锦

1.2.1　钢筋

1. 钢筋种类

钢筋是指钢筋混凝土用和预应力钢筋混凝土用钢材，包括光圆钢筋、带肋钢筋（螺

纹钢筋），如图 1-3、图 1-4 所示。热轧光圆钢筋的屈服强度特征值为 300 级，钢筋牌号为 HPB300。热轧带肋钢筋的屈服强度特征值为 400、500、600 级。普通热轧钢筋的牌号为 HRB400、HRB500、HRB600，HRB400E、HRB500E；细晶粒热轧钢筋的牌号为 HRBF400、HRBF500，HRB400E、HRBF500E。钢筋牌号后加"E"的为抗震专用钢筋。

图 1-3　光圆钢筋

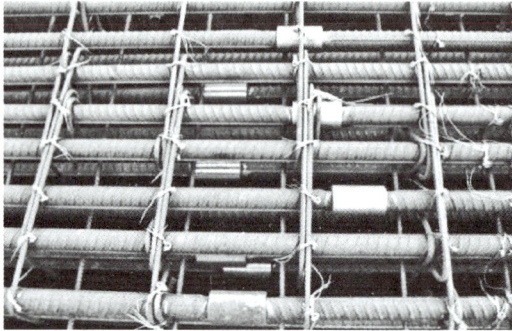

图 1-4　螺纹钢筋

2. 钢筋施工流程

钢筋施工流程包括：钢筋进场验收→钢筋存放→钢筋配料→钢筋加工→钢筋连接→钢筋安装。

（1）钢筋进场验收

钢筋进场应进行验收，验收项目包括：查对标牌、检查外观和力学性能检验，验收合格后方可使用。

① 查对标牌。产品合格证、出厂检验报告是产品质量的证明资料，因此，钢筋混凝土工程中所用的钢筋，必须有钢筋产品合格证和出厂检验报告（有时两者可以合并）。进场的每捆（盘）钢筋（丝）均应有标牌，一般不少于两个，标牌上应有供方厂标、钢号、炉罐（批）号等标记，验收时应查对标牌上的标记是否与产品合格证和出厂检验报告上的相关内容一致。

② 检查外观。钢筋的外观检查包括：钢筋应平直、无损伤；钢筋表面不得有裂纹、油污、颗粒状或片状锈蚀；钢筋表面凸块不允许超过螺纹的高度；钢筋的外形尺寸应符合有关规定。

③ 力学性能检验。钢筋进场时应按炉罐（批）号及直径分批验收，并按现行国家标准《钢筋混凝土用钢 第 2 部分：热轧带肋钢筋》GB/T 1499.2—2018、《钢筋混凝土用钢 第 1 部分：热轧光圆钢筋》GB/T 1499.1—2017 等的规定抽取试件作力学性能检验，合格后方可使用（应有进场复验报告）。

（2）钢筋存放

① 进入施工现场的钢筋，必须严格按批分等级、钢号、直径等挂牌存放。

② 钢筋应尽量放入库房或料棚内，露天堆放时，应选择地势较高、平坦、坚实的场地。

③ 钢筋的堆放应架空，离地不小于200mm。在场地或仓库周围，应设排水沟，以防积水。

④ 钢筋在运输或储存时，不得损坏标志。

⑤ 钢筋不得和酸、盐、油类等物品放在一起，也不能和可能产生有害气体的车间靠近。

⑥ 加工好的钢筋要分工程名称和构件名称编号、挂牌堆放整齐。

（3）钢筋配料

钢筋配料是根据构件配筋图，先绘出各种形状和规格的单根钢筋简图并加以编号，然后分别计算钢筋下料长度和根数，填写配料单，申请加工。钢筋配料是确定钢筋材料计划，进行钢筋加工和结算的依据。钢筋配料长度是钢筋外缘之间的长度，即外包尺寸，这是施工中量度钢筋长度的基本依据。

（4）钢筋加工

钢筋的加工有除锈、冷拉、调直、下料剪切及弯曲成型。

① 除锈：钢筋的表面应洁净。油渍、漆污和用锤敲击时能剥落的浮皮、铁锈等应在使用前清除干净。在焊接前，焊点处的水锈应清除干净。钢筋除锈一般可以通过以下两个途径：大量钢筋除锈可通过钢筋冷拉或钢筋调直机调直过程中完成；少量的钢筋局部除锈可采用电动除锈机或人工用钢丝刷、砂盘以及喷砂和酸洗等方法进行。

② 冷拉：在常温下对钢筋进行强力拉伸，以超过钢筋的屈服强度的拉应力，使钢筋产生塑性变形，达到调直钢筋、提高强度的目的。

③ 调直：钢筋调直宜采用机械方法，也可以采用冷拉。对局部曲折、弯曲或成盘的钢筋在使用前应加以调直。钢筋调直方法很多，常用的方法是使用卷扬机拉直和用调直机调直。

④ 下料切断：切断前，应将同规格钢筋长短搭配，统筹安排，一般先断长料，后断短料，以减少短头和损耗；钢筋切断可用钢筋切断机或手动剪切器。

⑤ 弯曲成型：钢筋弯曲的顺序是画线、试弯、弯曲成型；画线主要根据不同的弯曲角在钢筋上标出弯折的部位，以外包尺寸为依据，扣除弯曲量度差值；钢筋弯曲有人工弯曲和机械弯曲。

（5）钢筋连接

钢筋连接是装配式混凝土结构安全的关键之一。节点设计应坚持强接缝、弱构件的原则，在节点设计上使装配式混凝土结构具有与现浇混凝土结构完全等同的整体性能、稳定性能和耐久性能。由于钢筋通过连接接头传力的性能总不如整根钢筋，因此设置钢筋连接原则为：钢筋接头宜设置在受力较小处，同一根钢筋上宜少设接头，同一构件中的纵向受力钢筋接头宜相互错开。

装配式混凝土建筑中，预制构件可以采用的钢筋连接方法有套筒灌浆连接、约束钢筋浆锚搭接等，如图1-5、图1-6所示。

1. 剪力墙
2. 螺纹端钢筋
3. 水泥灌浆直螺纹连接套筒
4. PVC管
5. 灌（出）浆孔接头
6. 灌浆端钢筋
7. 下构件

上构件预埋钢筋
（直螺纹与套筒连接）
接头灌浆料
灌浆套筒
排浆口
灌浆口
封缝料
下构件预埋钢筋
（现场灌浆端）

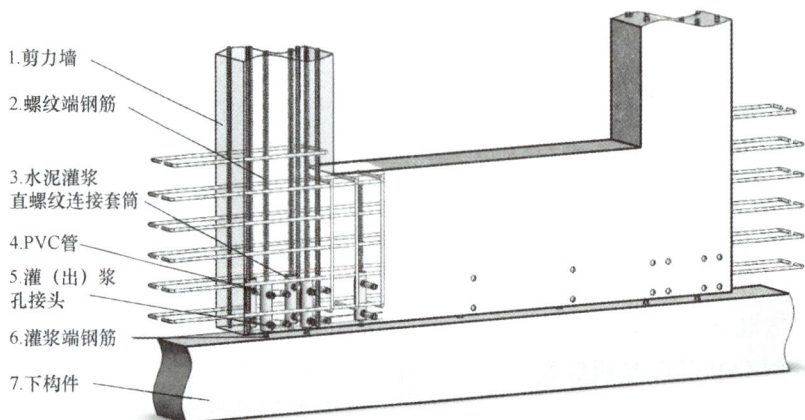

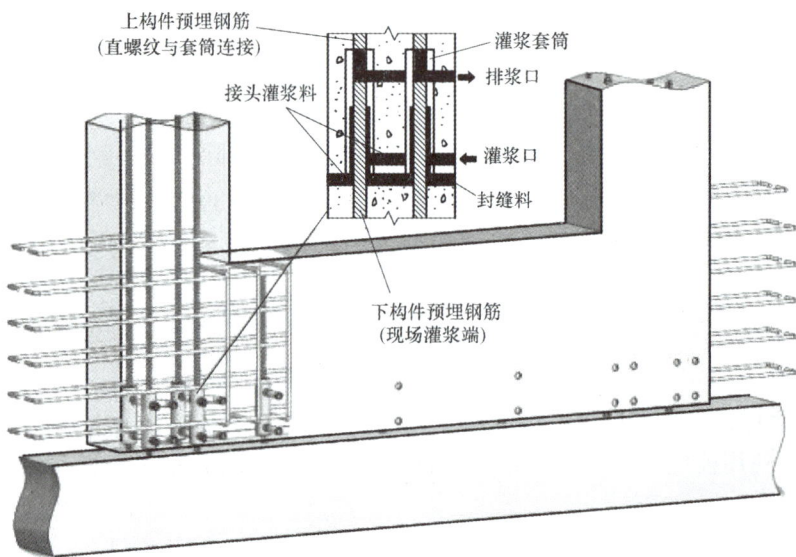

图 1-5　套筒灌浆连接

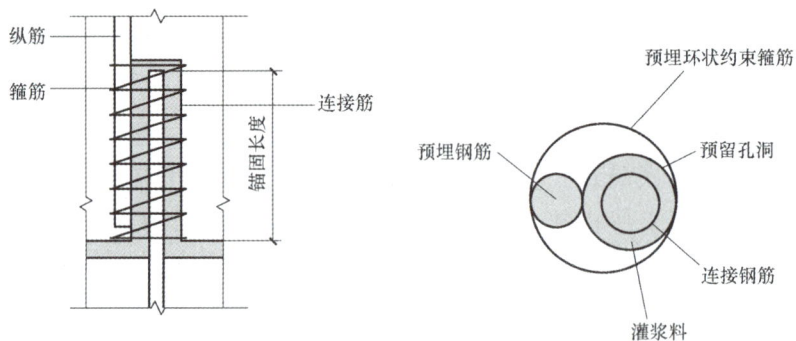

纵筋
箍筋
连接筋
锚固长度

预埋环状约束箍筋
预埋钢筋
预留孔洞
连接钢筋
灌浆料

图 1-6　约束钢筋浆锚搭接

（6）钢筋安装

1）准备工作

① 核对成品钢筋的钢号、直径、形状、尺寸和数量等是否与料单料牌相符。如有错漏，应纠正增补。

② 准备绑扎用的钢丝、绑扎工具，绑扎架等。钢筋绑扎用的钢丝，可采用20～22号钢丝，其中22号钢丝只用于绑扎直径12mm以下的钢筋。

③ 准备控制混凝土保护层用的塑料卡。

④ 画出钢筋位置线。钢筋接头的位置，应根据来料规格，结合有关接头位置、数量的规定，使其错开，在模板上画线。

⑤ 绑扎形式复杂的结构部位时，应先研究逐根钢筋穿插就位的顺序，并与模板工联系讨论支模和绑扎钢筋的先后次序，以减少绑扎困难。

2）钢筋入模要求

钢筋骨架、钢筋网片应满足预制构件设计图要求，宜采用专用钢筋定位件，入模应符合下列要求：

① 钢筋骨架入模时应平直、无损伤，表面不得有油污或者锈蚀。

② 钢筋骨架尺寸应准确，骨架吊装时应采用多吊点的专用吊架，防止骨架产生变形。

③ 保护层垫块宜采用塑料类垫块，且应与钢筋骨架或网片绑扎牢固，垫块按梅花状布置，间距满足钢筋限位及控制变形要求。

④ 钢筋连接套筒应设计定位销、模板架等工装保证其按预制构件设计制作图准确定位和保证浇筑混凝土时不位移。拉结件安装的位置、数量和时机均应在工艺卡中明确规定。

⑤ 钢筋绑扎对于带飞边的外叶，需要插空增加水平分布筋，且锚入内叶部分210mm，加强筋绑扎应当按照设计要求，与水平分布筋不在同一平面内。绑扎过程中，对于尺寸、弯折角度不符合设计要求的钢筋不得绑扎，一律退回。需要预留梁槽或孔洞时，应当根据要求绑扎加强筋。

1.2.2　型钢

型钢是一种有一定截面形状和尺寸的条形钢材。按照钢的冶炼质量不同，型钢分为普通型钢和优质型钢。

普通型钢按照其断面形状又可分为工字钢、H型钢、槽钢、角钢、圆钢等，如图1-7所示。型钢可以在工厂直接热轧而成，或者采用钢板切割、焊接而成。

型钢的材料要求：装配式混凝土结构中，钢材的各项性能指标均应符合现行国家标准《钢结构设计标准》GB 50017—2017的规定。型钢钢材宜采用Q235等级B、C、D的碳素结构钢及Q345等级B、C、D、E的低合金高强度结构钢。

（a）

（b）

（c）

（d）

图 1-7　型钢组图

（a）钢框架示意图；（b）H 型钢；（c）槽钢；（d）角钢

1.3　保 温 材 料

　　保温材料依据材料性质来分类，大体可分为有机材料、无机材料和复合材料，如聚苯板、挤塑聚苯板、石墨聚苯板、真金板、泡沫混凝土板、发泡聚氨酯板等。不同的保温材料性能各异，材料的导热系数数值的大小是衡量保温材料的重要指标，下面以聚苯板、挤塑聚苯板和石墨聚苯板（图 1-8～图 1-10）为例简要介绍其性能。

1. 聚苯板

　　聚苯板全称聚苯乙烯泡沫板，简称 EPS 板，是由含有挥发性液体发泡剂的可发性聚苯乙烯珠粒，经加热预发后在模具中加热成型的具有微细闭孔结构的白色固体，导热系数在 $0.035\sim0.052\mathrm{W}/（\mathrm{m}\cdot\mathrm{K}）$ 之间。EPS 板主要性能指标应符合表 1-2 的规定，其他性能指标应符合现行国家标准《绝热用模塑聚苯乙烯泡沫塑料（EPS）》GB/T 10801.1 的规定。

2. 挤塑聚苯板

挤塑聚苯板简称 XPS 板，也是聚苯板的一种，只不过生产工艺是挤塑成型，导热系数为 0.030W/（m·K），以聚苯乙烯树脂或其共聚物为主要成分，添加少量添加剂，通过加热挤塑成型而制得的具有闭孔结构的硬质泡沫塑料制品。挤塑聚苯板集防水和保温作用于一体，刚度大，抗压性能好，导热系数低。XPS 板主要性能指标应符合表 1-2 的规定，其他性能指标应符合现行国家标准《绝热用挤塑聚苯乙烯泡沫塑料（XPS）》GB/T 10801.2 的规定。

EPS 板和 XPS 板主要性能指标　　　　表 1-2

项目	单位	性能指标		试验方法
		EPS 板	XPS 板	
表观密度	kg/m³	20～30	30～35	《泡沫塑料及橡胶 表观密度的测定》GB/T 6343—2009
导热系数	W/（m·K）	≤ 0.041	≤ 0.03	《绝热材料稳态热阻及有关特性的测定 防护热板法》GB/T 10294—2008
压缩强度	MPa	≥ 0.10	≥ 0.20	《硬质泡沫塑料 压缩性能的测定》GB/T 8813—2020
燃烧性能	—	不低于 B₂ 级		《建筑材料及制品燃烧性能分级》GB 8624—2012
尺寸稳定性	%	≤ 3.0	≤ 2.0	《硬质泡沫塑料 尺寸稳定性试验方法》GB/T 8811—2008
吸水率	%	≤ 4.0	≤ 1.5	《硬质泡沫塑料吸水率的测定》GB/T 8810—2005

3. 石墨聚苯板

石墨聚苯板是膨胀苯板的一种，是化工巨头巴斯夫公司的经典产品，在聚苯乙烯原材料中添加了红外反射剂，这种物质可以反射热辐射并将 EPS 的保温性能提高 30%，同时防水性能很容易地实现了 B₂ 级到 B₁ 级的跨越，石墨聚苯板的导热系数为 0.033W/（m·K）。石墨聚苯板是目前所有保温材料中性价比最优的保温产品。因为聚苯板保温产品在保温领域里应用最广泛，不论是欧洲还是国内，聚苯板保温体系都具有最大的市场份额。

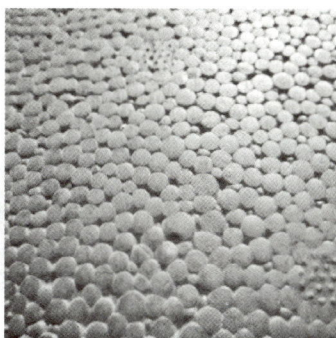

图 1-8　聚苯板　　　　　图 1-9　挤塑聚苯板　　　　　图 1-10　石墨聚苯板

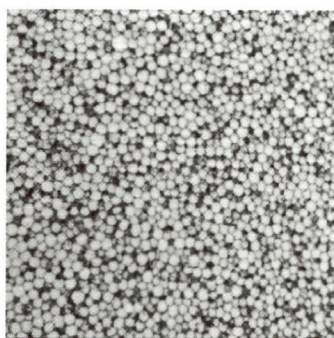

1.4　主　要　配　件

主要配件图集锦

1.4.1　外墙保温拉结件

外墙保温拉结件是连接预制保温墙体内、外层混凝土墙板，传递墙板剪力，以使内外层墙板形成整体的连接器，如图 1-11～图 1-13 所示。拉结件宜选用纤维增强复合材料或不锈钢薄钢板加工制成。

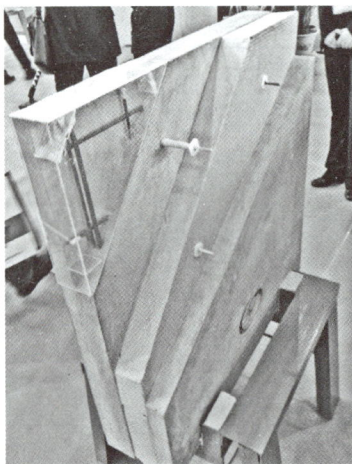

图 1-11　外墙保温立体示意图　　图 1-12　外墙保温拉结件连接图

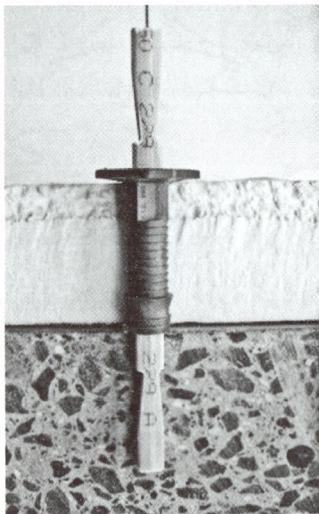

图 1-13　外墙保温拉结件

夹心外墙板中，内外叶墙板的拉结件应符合下列规定：

1. 金属及非金属材料拉结件均应具有规定的承载力、变形和耐久性能，并应经过试验验证。

2. 拉结件应满足防腐和耐久性要求。

3. 拉结件应满足夹心外墙板的节能设计要求。

4. 外墙保温拉结件的拉伸强度、弯曲强度、剪切强度必须满足国家标准或行业标准规定方可使用。

5. 拉结件的设置方式应满足以下要求：

（1）棒状或片状拉结件宜采用矩形或梅花形布置，间距一般为400～600mm，拉结件与墙体洞口边缘距离一般为100～200mm；当有可靠依据时，也可按设计要求确定。

（2）拉结件的锚入方式、锚入深度、保护层厚度等参数应满足现行国家标准的规定。

1.4.2　预埋螺栓与螺母

预埋件的材料、品种、规格、型号应符合国家相关标准规定和设计要求。预埋件的防腐防锈应满足现行国家标准《工业建筑防腐蚀设计标准》GB/T 50046和《涂覆涂料前钢材表面处理 表面清洁度的目视评定》GB/T 8923的规定。

预埋螺栓是将螺栓预埋在预制混凝土构件中，留出的螺栓丝扣用来固定构件，可起到连接固定作用。常见的做法是预制挂板通过在构件内预埋螺栓与预制叠合板或阳台板进行连接，还有为固定其他构件而预埋螺栓。与预埋螺栓相对应的另一种方式是预埋螺母，预埋螺母的好处是构件的表面没有凸出物，便于运输和安装，内丝套筒就属于预埋螺母。对于小型预制混凝土构件，预埋螺栓和预埋螺母在不影响正常使用和满足起吊受力性能的前提下也可当作吊钉使用，如图1-14所示。

1.4.3　预埋吊件

预制混凝土构件以前常用的预埋吊件主要为吊环，目前多采用预埋吊钉的方式，如图1-15所示。

1. 圆头吊钉

圆头吊钉适用于所有预制混凝土构件的起吊，例如墙体、柱子、横梁、水泥管道等。它的特点是无须加固钢筋，拆装方便，性能卓越，使用操作简便。还有一种带眼圆头吊钉，通常在尾部的孔中栓上锚固钢筋，以增强圆头吊钉在预制混凝土中的锚固力，如图1-16所示。

（a）

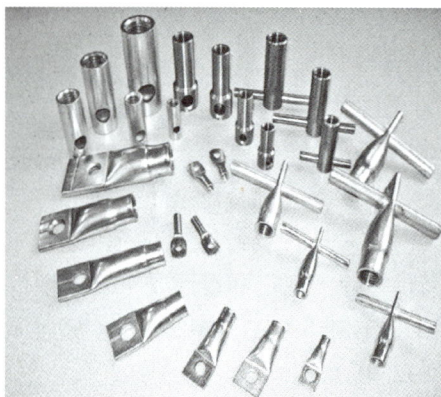

（b）

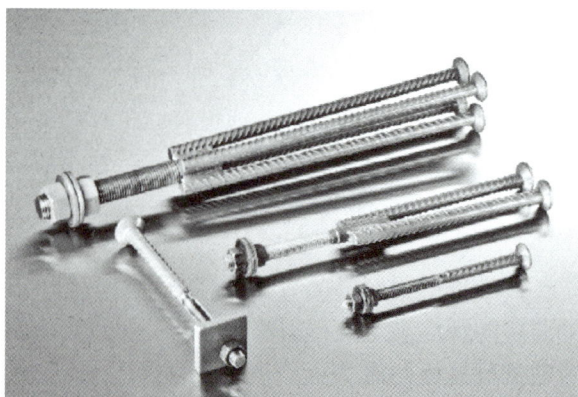

（c）

图 1-14　预埋螺栓和螺母

（a）预埋件在预制混凝土构件中埋设示意图；（b）预埋螺栓；（c）预埋螺母（内丝套筒）

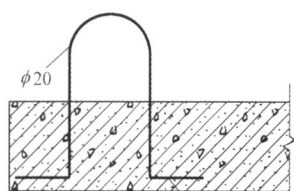

伸入楼板下层钢筋
以下水平段长200

（a）

（b）

（c）

（d）

图 1-15　预埋吊件

（a）吊环；（b）圆头吊钉；（c）套筒吊钉；（d）平板吊钉

2. 套筒吊钉

套筒吊钉适用于所有预制混凝土构件的起吊。其优点是预制混凝土构件表面平整；缺点是采用螺纹接驳器时，需要将接驳器的丝杆完全拧入套筒中，如果接驳器的丝杆没有拧到位或接驳器的丝杆受到损伤时可能降低其起吊能力，因此，在大型构件中较少使用套筒吊钉，如图 1-17 所示。

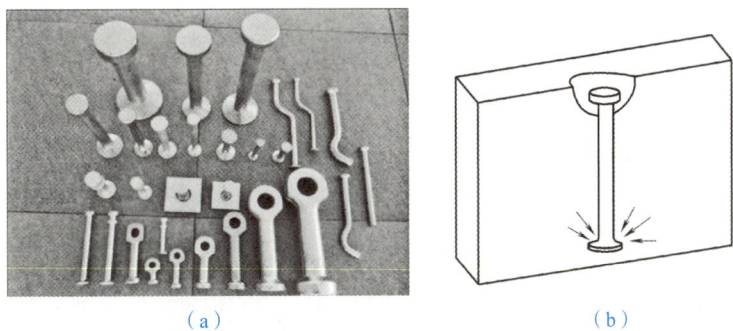

（a）　　　　　　　　　　　　　　（b）

图 1-16　圆头吊钉

（a）各类圆头吊钉；（b）圆头吊钉安装示意图

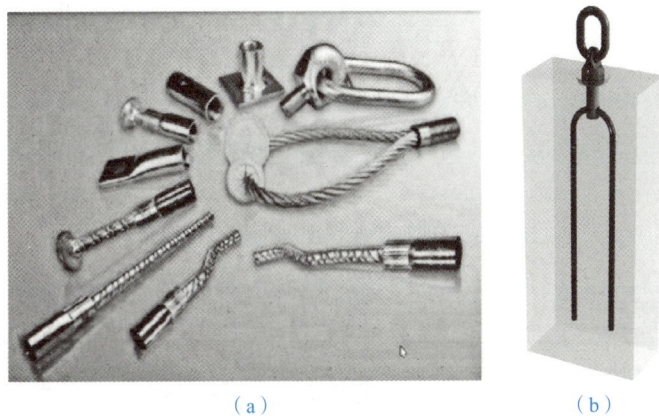

（a）　　　　　　　　　　　　　　（b）

图 1-17　套筒吊钉

（a）各类套筒吊钉；（b）套筒吊钉使用示意图

3. 平板吊钉

平板吊钉适用于所有预制混凝土构件的起吊，尤其适合墙板类薄型构件，平板吊钉种类繁多，选用时应根据厂家的产品手册和指南选用。平板吊钉的优点是起吊方式简单，安全可靠，正得到越来越广泛的运用，如图 1-18 所示。

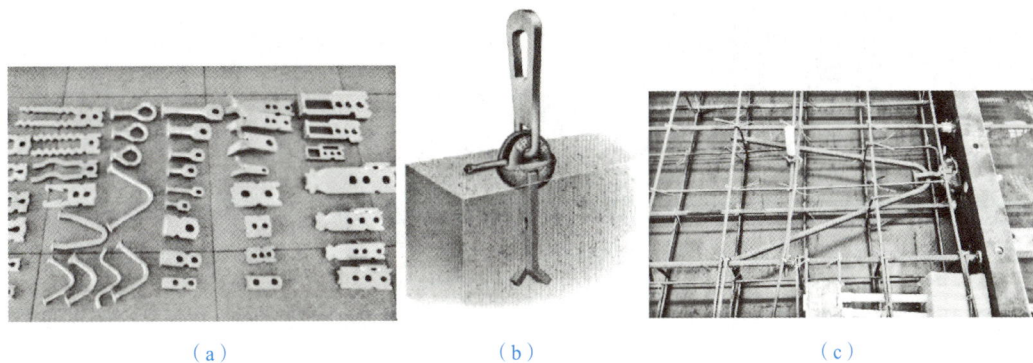

（a）　　　　　　　　　　（b）　　　　　　　　　　（c）

图 1-18　平板吊钉

（a）平板吊钉；（b）平板吊钉使用示意图；（c）平板吊钉安装

1.4.4 预埋管线

1. 预埋管线

预埋管线是指在预制构件中预先留设的管道、线盒。预埋管线是用来穿管或留洞口为设备服务的通道，例如在建筑设备安装时穿各种管线用的通道（如强弱电、给水管线等），预埋管线通常为钢管、铸铁管或 PVC 管，如图 1-19～图 1-21 所示。

图 1-19　预制墙板预埋电气管道、线盒

图 1-20　叠合楼板预留电气接线盒

图 1-21　叠合楼板施工管线预埋

2. 预埋管线要求

（1）电气管线

① 预制构件一般不得再进行打孔、开洞，特别是预制墙应按设计要求标高预留好过墙的孔洞，重点注意预留的位置、尺寸及数量等应符合设计要求。

② 电气施工人员应对预制构件进行检查，检查预埋的线盒、线管、套管、大型支架埋件等不允许有遗漏，规格、数量及位置等应符合规范要求。

③ 预制构件中主要埋设：配电箱、等电位联结箱、开关盒、插座盒、弱电系统接线盒（消防显示器、控制器、按钮、电话、电视、对讲等）及其管线。

④ 预埋管线应畅通，金属管线内外壁应按规定做除锈和防腐处理，清除管口毛刺。埋入楼板及墙内管线的保护层不小于15mm，消防管路保护层不小于30mm。

（2）水暖管线

① 预留套管应按设计图纸中管道的定位、标高同时结合装饰专业，绘制预留图，预留预埋应在预制构件厂内完成，并进行质量验收。

② 在预制构件中预埋管道附件时，应做好保洁工作，避免附件被混凝土等材料堵塞。

③ 穿越预制墙体的管道应预埋刚性或柔性防水套管，按照防水套管相关规定选型；管顶上部净空高度不小于建筑物沉降量，一般不小于150mm；穿越预制楼板的管道应预留洞或预埋套管，一般孔洞或套管大于管外径50～100mm。

④ 当给水排水系统中的一些附件预留洞不易安装时，可采用直接预埋的办法。

⑤ 由于预制混凝土构件是在工厂生产现场组装，和主体结构间靠金属件或现场处理进行连接。因此，所有预制混凝土构件中预埋件的定位除了要满足距墙面、穿越楼板和穿梁的结构要求外，还应给金属件和墙体留有安装空间，一般距两侧构件边缘不小于40mm。

习　题

1. 什么是混凝土？
2. 简述混凝土制作及材料存放的基本要求。
3. 简述混凝土的搅拌要求。
4. 简述钢筋与型钢的种类。
5. 简述保温材料的种类及作用。
6. 简述外墙保温拉结件、预埋螺栓与螺母、预埋吊件及预埋管线的概念及作用。

教学单元2

装配式建筑基本构件与连接构造

【教学目标】通过本部分学习，掌握装配式混凝土结构基本构件的组成，主要包括柱、梁、剪力墙、楼板、楼梯、阳台、空调板、女儿墙等，掌握预制混凝土柱、叠合梁、剪力墙及叠合板等连接构造；掌握装配式钢结构基本构件的组成，主要包括钢梁、钢柱、钢桁架等，掌握各构件采用焊接、螺栓或铆钉等连接构造；掌握装配式木结构基本构件的组成，包括柱、梁、墙面板、楼面板和屋面板等，掌握各构件采用钉连接、螺栓连接或卯榫等连接构造。

【课程思政】为了实现我国提出的"碳达峰、碳中和"目标，现代建筑物在进行设计时不仅要考虑舒适美观，也要考虑节能环保。在建筑物建造过程中，尽量减少施工带来的环境污染，积极推行绿色施工，树立学生的节能环保意识。

2.1　装配式混凝土建筑基本构件与连接构造

2.1.1　基本构件

混凝土基本构件图集锦

装配式混凝土结构是由预制混凝土构件通过可靠的连接方式装配而成的混凝土结构，其基本构件主要包括柱、梁、剪力墙、楼板、楼梯、阳台、空调板、女儿墙等，这些主要受力构件通常在工厂预制加工完成，待强度等符合规范要求后运输至施工现场进行现场装配施工。

1. 预制混凝土柱

预制混凝土柱包括预制混凝土实心柱和预制混凝土矩形柱壳两种形式。预制混凝土柱的外观多种多样，包括矩形、圆形和工字形等。在满足运输和安装要求的前提下，预制柱的长度可达到 12m 或更长，如图 2-1、图 2-2 所示。

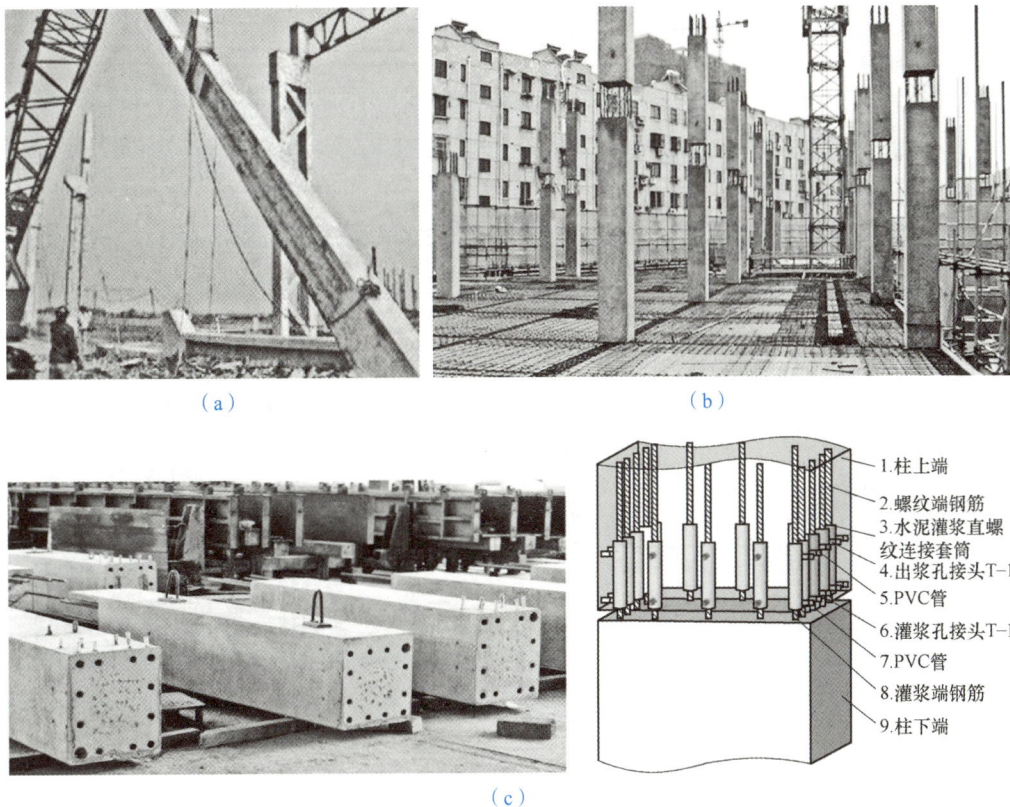

（a）

（b）

1.柱上端
2.螺纹端钢筋
3.水泥灌浆直螺纹连接套筒
4.出浆孔接头T-1
5.PVC管
6.灌浆孔接头T-1
7.PVC管
8.灌浆端钢筋
9.柱下端

（c）

图 2-1　预制混凝土实心柱
（a）预制混凝土牛腿柱；（b）预制混凝土实心柱；（c）带灌浆套筒预制混凝土实心柱

035

（a）　　　　　　　　　　　　　　　（b）

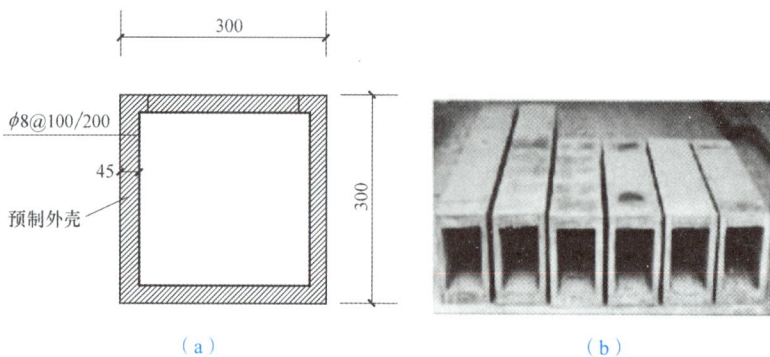

图 2-2　预制混凝土矩形柱壳

（a）外壳尺寸；（b）外壳实物

2. 预制混凝土梁

　　预制混凝土梁根据施工工艺不同常见有预制实心梁和预制叠合梁，如图 2-3 所示。预制实心梁制作简单，构件自重较大，多用于厂房和多层建筑中。预制叠合梁便于预制柱和叠合楼板连接，整体性较强，运用十分广泛。

（a）　　　　　　　　　　　　　　　（b）

（c）　　　　　　　　　　　　　　　（d）

图 2-3　预制混凝土梁（一）

（a）预制 L 形实心梁；（b）预制叠合梁；（c）预制梁、柱节点；（d）预制梁节点

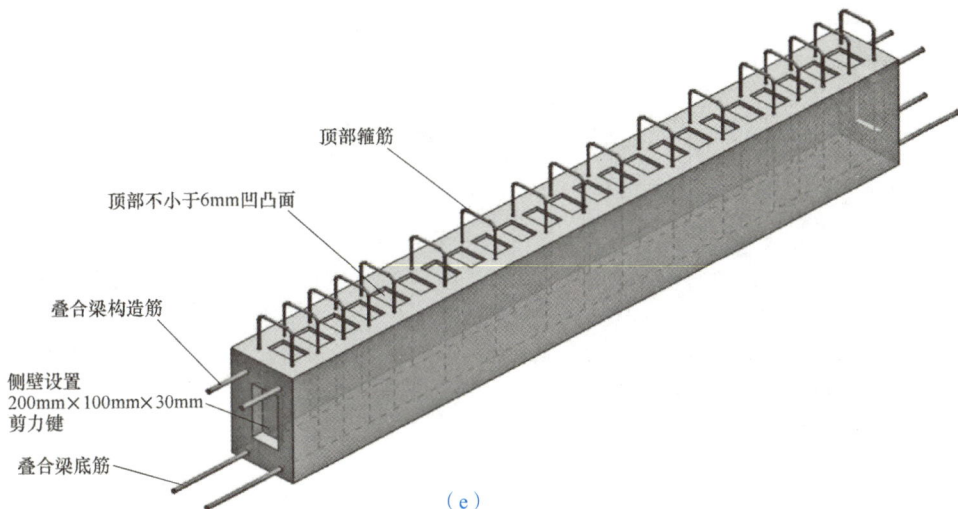

顶部箍筋

顶部不小于6mm凹凸面

叠合梁构造筋

侧壁设置
200mm×100mm×30mm
剪力键

叠合梁底筋

（e）

图 2-3 预制混凝土梁（二）

（e）预制叠合梁构造

3. 预制混凝土剪力墙

预制混凝土剪力墙从受力性能角度分为预制实心剪力墙和预制叠合剪力墙。

（1）预制实心剪力墙

预制实心剪力墙是指将混凝土剪力墙在工厂预制成实心构件，并在现场通过预留钢筋与主体结构相连接。随着灌浆套筒在预制剪力墙中的使用，预制实心剪力墙的使用越来越广泛，如图 2-4、图 2-5 所示。

（a）   （b）

图 2-4 预制实心剪力墙（带有甩筋）

（a）支模绑扎钢筋；（b）成品

预制混凝土夹心保温剪力墙是一种结构保温一体化的预制实心剪力墙，由外叶、内叶和中间层三部分组成。内叶是预制混凝土实心剪力墙，中间层为保温隔热层，外叶为保温隔热层的保护层。保温隔热层与内外叶之间采用拉结件连接。拉结件可以采用玻璃纤维钢筋或不锈钢拉结件。预制混凝土夹心保温剪力墙通常作为建筑物的承重外墙，如图 2-6 所示。

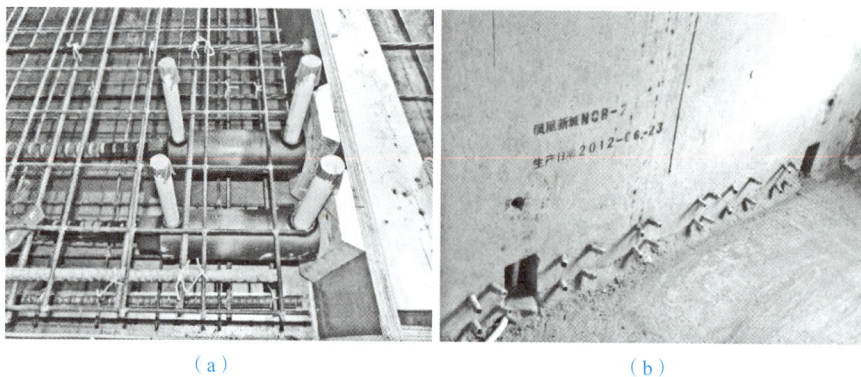

（a）　　　　　　　　　　　　（b）

图 2-5　预制实心剪力墙（带预埋灌浆套筒及预留孔）

（a）预埋灌浆套筒；（b）成品

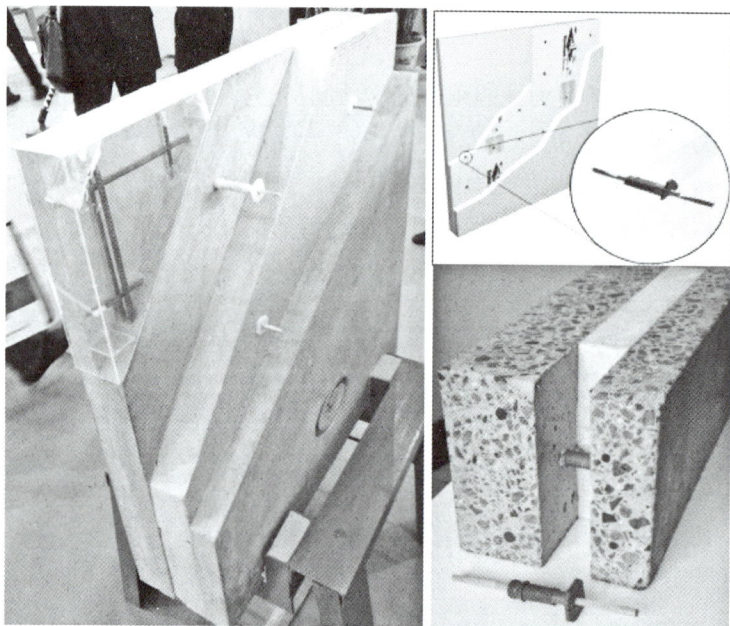

图 2-6　预制混凝土夹心保温剪力墙

（2）预制叠合剪力墙

预制叠合剪力墙是指一侧或两侧均为预制混凝土墙板，在另一侧或中间部位现浇混凝土从而形成共同受力的剪力墙结构。预制叠合剪力墙结构在德国有着广泛的运用，在我国上海和合肥等地已有所应用。它具有制作简单，施工方便等优势，如图 2-7 所示。

4. 预制混凝土楼板

预制混凝土楼板按照制作工艺不同可分为预制混凝土叠合板、预制混凝土实心板、预制混凝土空心板和预制混凝土双 T 板等。

图 2-7　预制叠合剪力墙

（1）预制混凝土叠合板

预制混凝土叠合板最常见的主要有两种，一种是桁架钢筋混凝土叠合板，另一种是预制带肋底板混凝土叠合楼板。桁架钢筋混凝土叠合板属于半预制构件，下部为预制混凝土板，外露部分为桁架钢筋。预制混凝土叠合板的预制部分厚度通常为 60mm，叠合楼板在施工现场安装到位后要进行二次浇筑，从而成为整体实心楼板。桁架钢筋的主要作用是将后浇筑的混凝土层与预制底板形成整体，并在制作和安装过程中提供刚度。伸出预制混凝土层的桁架钢筋和粗糙的混凝土表面保证了叠合楼板预制部分与现浇部分能有效结合成整体，如图 2-8、图 2-9 所示。

（a）　　　　　　　　　　　　　　　　　　（b）

图 2-8　桁架钢筋混凝土叠合板制作（带有甩筋）

（a）支模绑扎钢筋；（b）成品

预制带肋底板混凝土叠合楼板是一种预应力带肋混凝土叠合楼板（简称 PK 板），预应力带肋混凝土叠合楼板具有以下优点：

① 国际上最薄、最轻的叠合板之一：3cm 厚，自重 110kg/m²。

② 用钢量最省：由于采用高强预应力钢丝，比其他叠合板用钢量节省 60%。

③ 承载能力最强：破坏性试验承载力可达 1.1t/m²，支撑间距可达 3.3m，减少支撑数量。

图 2-9　桁架钢筋混凝土叠合板吊装

④抗裂性能好：由于采用了预应力技术，极大提高了混凝土的抗裂性能。

⑤新老混凝土接合好：由于采用了 T 形肋，现浇混凝土形成倒梯形，新老混凝土互相咬合，新混凝土流到孔中又形成销栓作用。

⑥可形成双向板：在侧孔中横穿钢筋后，避免了传统叠合板只能做单向板的弊病，且预埋管线方便，如图 2-10、图 2-11（a）所示。

近年来，由于预应力带肋混凝土叠合楼板混凝土肋工厂施工麻烦，经过优化升级，研发了预应力混凝土钢管桁架叠合楼板，钢管桁架与钢筋桁架相似，可进行批量化工业生产，大大节省了人工，降低了生产成本。预应力混凝土钢管桁架叠合楼板如图 2-11（b）所示。

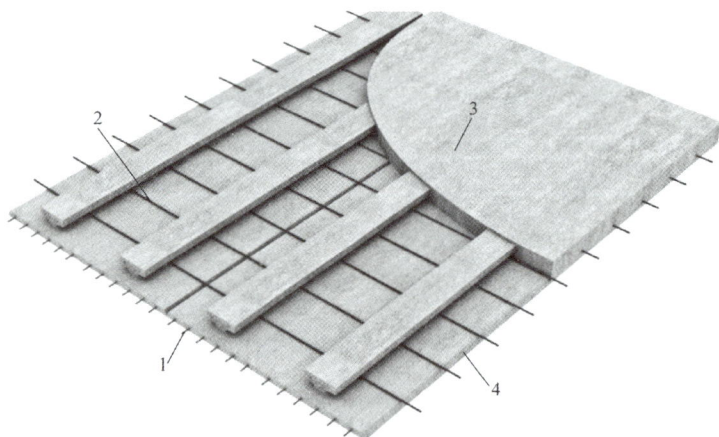

图 2-10　预应力带肋混凝土叠合楼板

1—纵向预应力钢筋；2—横向穿孔钢筋；3—后浇层；4—PK 叠合板的预制底板

（2）预制混凝土实心板

预制混凝土实心板制作较为简单，其连接设计根据抗震构造等级的不同而有所不同，如图 2-12 所示。

（a）

（b）

图 2-11　叠合楼板安装实例

（a）预应力带肋混凝土叠合楼板；（b）预应力混凝土钢管桁架叠合楼板

图 2-12　预制混凝土实心板

（3）预制混凝土空心板和预制混凝土双 T 板

预制混凝土空心板和预制混凝土双 T 板通常适用于较大跨度的多层建筑。预应力双 T 板跨度可达 20m 以上，如用高强轻质混凝土则可达 30m 以上，如图 2-13、图 2-14所示。

（a）　　　　　　　　　　　　　　　　　（b）

图 2-13　预制混凝土空心板

（a）预制混凝土空心板堆放；（b）预制混凝土空心板吊装

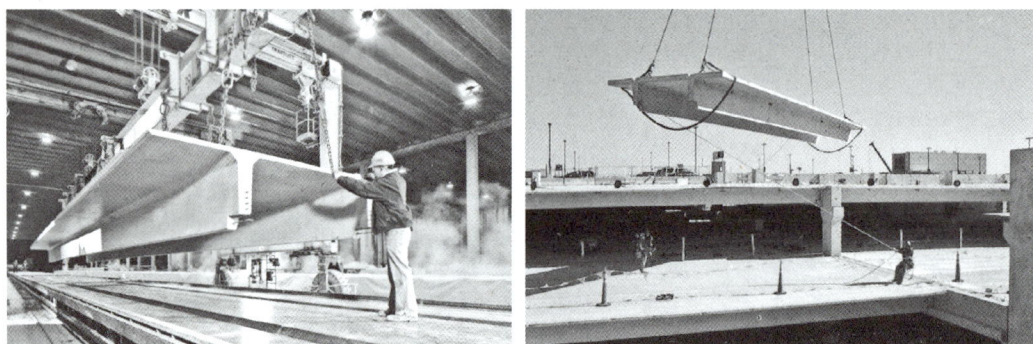

（a）　　　　　　　　　　　　　　　　　（b）

图 2-14　预制混凝土双 T 板

（a）预制混凝土双 T 板生产；（b）预制混凝土双 T 板吊装

5. 预制混凝土楼梯

预制混凝土楼梯外观更加美观，避免在施工现场支模浇筑，节约工期。预制简支楼梯受力明确，安装后可做施工通道，解决垂直运输问题，保证了逃生通道的安全，如图 2-15 所示。

6. 预制混凝土阳台、空调板、女儿墙

（1）预制混凝土阳台

预制混凝土阳台通常包括预制实心阳台和预制叠合阳台。预制阳台能够克服现浇阳台的缺点，解决了阳台支模复杂，现场高空作业费时费力的问题，如图 2-16 所示。

（2）预制混凝土空调板

预制混凝土空调板通常采用预制实心混凝土板，板侧预留钢筋与主体结构相连，预制空调板可与外墙板或楼板通过现场浇筑相连，也可与外墙板在工厂预制时做成一体，如图 2-17 所示。

（3）预制混凝土女儿墙

女儿墙处于屋顶处外墙的延伸部位，通常有立面造型，采用预制混凝土女儿墙的

优势是能快速安装，节省工期并提高耐久性。女儿墙可以是单独的预制构件，也可以是顶层的墙板向上延伸，把顶层外墙与女儿墙预制为一个构件，如图 2-18 所示。

（a）

（b）

（c）

（d）

图 2-15　预制混凝土楼梯

（a）预制楼梯制作模具；（b）预制楼梯堆放；（c）预制楼梯施工现场安装；
（d）预制楼梯安装完成后作为施工通道

（a）

（b）

图 2-16　预制混凝土阳台

（a）预制混凝土实心阳台；（b）预制混凝土叠合阳台

（a）　　　　　　　　　　　　　　　（b）

图 2-17　预制混凝土空调板

（a）预制空调板；（b）与外墙板做成一体的飘窗、空调板

（a）　　　　　　　　　　　　　　　（b）

图 2-18　预制混凝土女儿墙

（a）单独制作的预制混凝土女儿墙；（b）顶层女儿墙与外墙一体化的预制构件

2.1.2　预制混凝土构件连接构造

混凝土构件连接构造图集锦

1. 预制混凝土柱连接构造

预制梁柱节点区的钢筋安装时，节点区柱箍筋应预先安装于预制柱钢筋上，随预制柱一同安装就位，预制混凝土柱连接节点通常为湿式连接，如图 2-19 所示。

（1）预制柱底连接构造要求

预制柱底接缝宜设置在楼面标高处（图 2-20），后浇节点区混凝土上表面应设置粗糙面，柱纵向受力钢筋应贯穿后浇节点区。柱底接缝厚度宜为 20mm，并采用灌浆料填实。上下预制柱采用钢筋套筒连接时，在套筒长度 ≥ 50cm 的范围内，在原设计箍筋间距的基础上加密箍筋，如图 2-21 所示。

（2）中间层预制柱连接构造要求

1）对于中间层预制柱节点，节点两侧的梁下部纵向受力钢筋宜锚固在后浇节点区内，如图 2-22（a）所示，也可采用机械连接或焊接的方式直接连接，如图 2-22（b）所示；梁的上部纵向受力钢筋应贯穿后浇节点区。

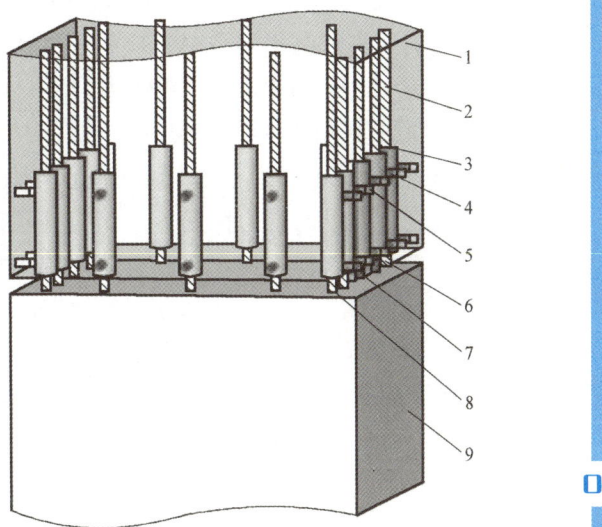

图 2-19 采用灌浆套筒湿式连接的预制柱

1—柱上端；2—螺纹端钢筋；3—水泥灌浆直螺纹连接套筒；4—出浆孔接头；5—PVC 管；
6—灌浆孔接头；7—PVC 管；8—灌浆端钢筋；9—柱下端

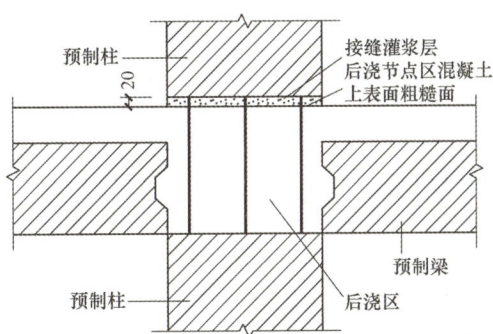

图 2-20 预制柱底接缝构造示意图

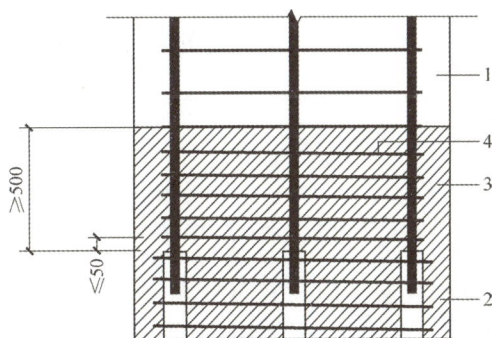

图 2-21 采用钢筋套筒灌浆连接时柱底箍筋
加密区域构造示意图

1—预制柱；2—套筒灌浆连接接头；
3—箍筋加密区（阴影区域）；4—加密区箍筋

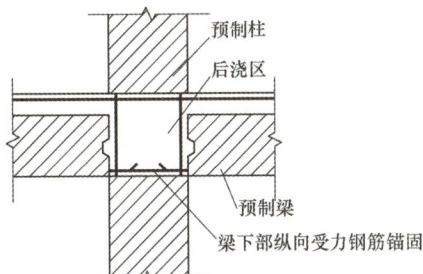
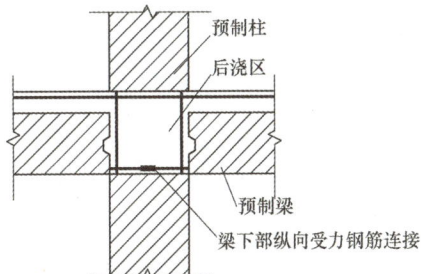

（a） （b）

图 2-22 预制柱及叠合梁框架中间层中间节点构造示意

（a）梁下部纵向受力钢筋锚固；（b）梁下部纵向受力钢筋连接

045

2）对框架中间层端节点，当柱截面尺寸不满足梁纵向受力钢筋的直线锚固要求时，应采用锚固板锚固，如图 2-23 所示，也可采用 90° 弯折锚固。

（3）顶层预制柱连接构造要求

1）对框架顶层中节点，梁纵向受力钢筋的构造符合规范规定。柱纵向受力钢筋宜采用直线锚固；当梁截面尺寸不满足直线锚固要求时，宜采用锚固板锚固，如图 2-24 所示。

2）对框架顶层端节点，梁下部纵向受力钢筋应锚固在后浇节点区内，且宜采用锚固板的锚固方式。梁、柱其他纵向受力钢筋的锚固应符合下列规定：

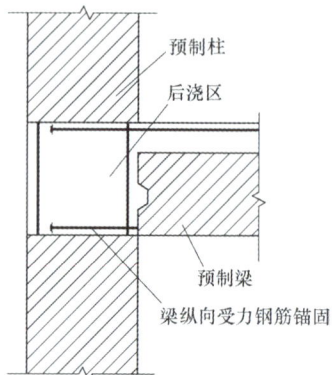

图 2-23　预制柱及叠合梁中间层端节点锚固

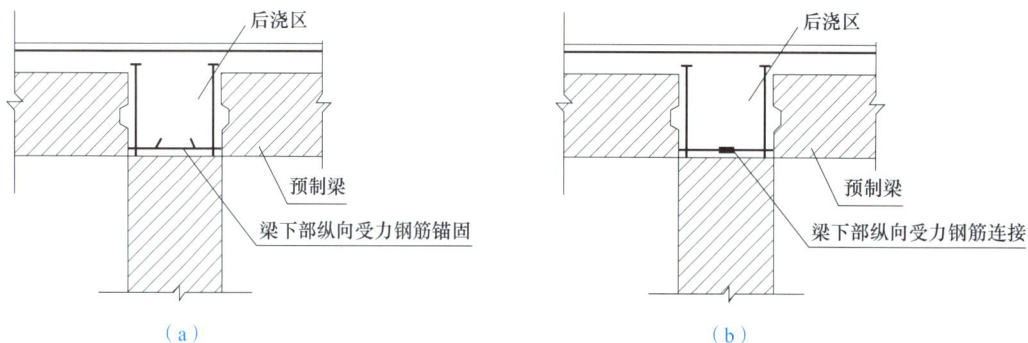

（a）

（b）

图 2-24　预制柱及叠合梁顶层中节点构造示意
（a）梁下部纵向受力钢筋锚固；（b）梁下部纵向受力钢筋连接

柱宜伸出屋面并将柱纵向受力钢筋锚固在伸出段内，如图 2-25（a）所示，伸出段长度不宜小于 500mm，伸出段内箍筋间距不应大于 5d（d 为柱纵向受力钢筋直径），且不应大于 100mm；柱纵向受力钢筋宜采用锚固板锚固，锚固长度不应小于 40d；梁上部纵向受力钢筋宜采用锚固板锚固。柱外侧纵向受力钢筋也可与梁上部纵向受力钢筋在后浇节点区搭接，如图 2-25（b）所示，其构造要求应符合现行国家标准《混凝土结构设计规范》GB 50010 中的规定。柱内侧纵向受力钢筋宜采用锚固板锚固。

2. 预制混凝土叠合梁连接构造

（1）叠合梁构造要求

在装配式混凝土框架结构中，常将预制梁做成矩形或 T 形截面，如图 2-26 所示。首先在预制厂内做成预制梁，在施工现场将预制楼板搁置在预制梁上（预制楼板和预制梁下需设临时支撑），安装就位后，再浇捣梁上部的混凝土使楼板和梁连接成整体，即成为装配整体式结构中分两次浇捣混凝土的叠合梁。混凝土叠合梁的截面一般有两种，分为矩形截面预制梁和凹口截面预制梁，如图 2-27 所示。

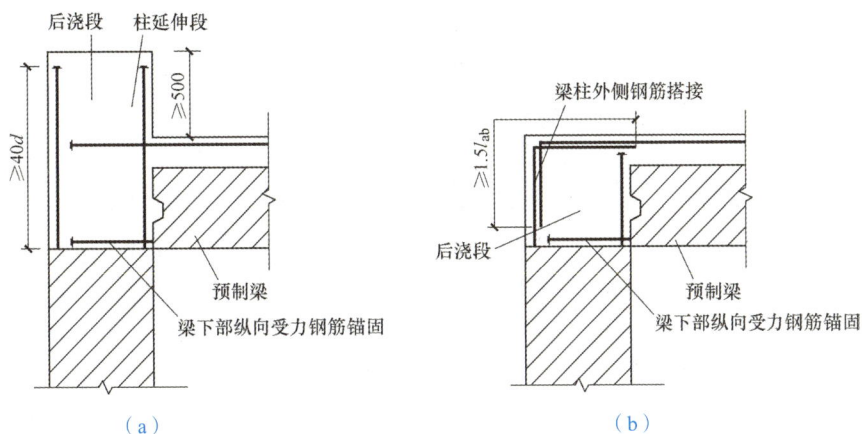

图 2-25　预制柱及叠合梁顶层边节点构造示意
（a）柱向上伸长；（b）梁柱外侧钢筋搭接

图 2-26　预制梁示意图

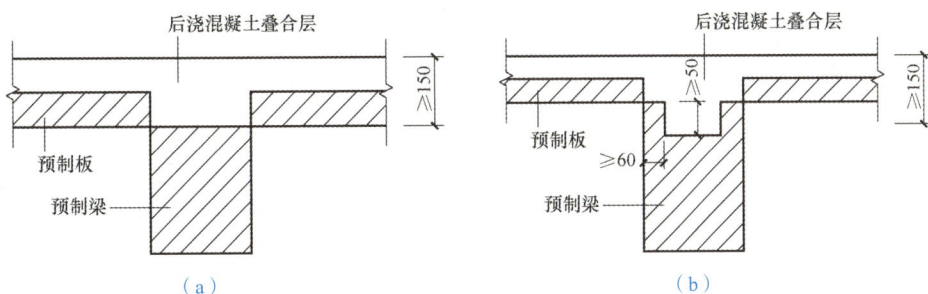

图 2-27　叠合框架梁截面示意图
（a）矩形截面预制梁；（b）凹口截面预制梁

1）装配式混凝土框架结构中，当采用叠合梁时，预制梁端的粗糙面凹凸深度不应小于 6mm，框架梁的后浇混凝土叠合层厚度不宜小于 150mm，如图 2-27（a）所示，次梁的后浇混凝土叠合板厚度不宜小于 120mm；当采用凹口截面预制梁时，如图 2-27（b）

所示，凹口深度不宜小于 50mm，凹口边厚度不宜小于 60mm。

2）为提高叠合梁的整体性能，使预制梁与后浇层之间有效地结合为整体，预制梁与后浇混凝土、灌浆料、坐浆材料的结合面应设置粗糙面，预制梁端面应设置键槽（图 2-28）。预制梁端的粗糙面凹凸深度不应小于 6mm，键槽尺寸和数量应按《装配式混凝土结构技术规程》JGJ 1—2014 的规定计算确定。键槽的深度 t 不宜小于 30mm，宽度 w 不宜小于深度的 3 倍且不宜大于深度的 10 倍；键槽可贯通截面，当不贯通时槽口距离截面边缘不宜小于 50mm，键槽间距宜等于键槽宽度，键槽端部斜面倾角不宜大于 30°。粗糙面的面积不宜小于结合面的 80%。

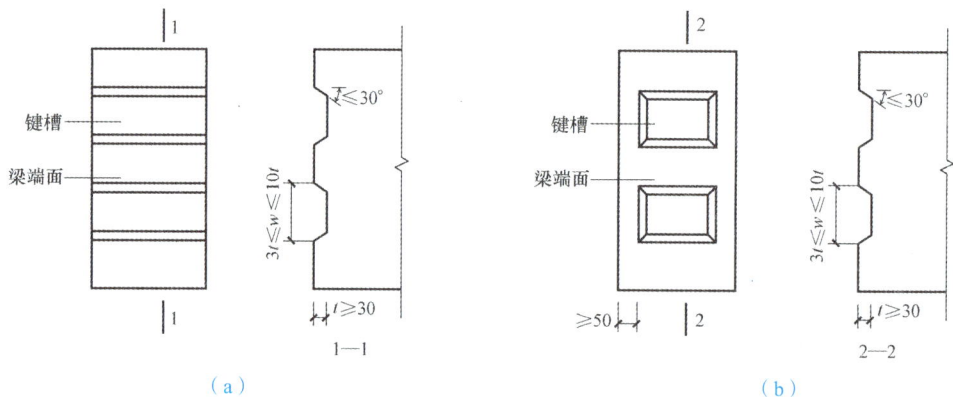

图 2-28 梁端键槽构造示意图
（a）键槽贯通截面；（b）键槽不贯通截面

（2）叠合梁的箍筋配置要求

抗震等级为一、二级的叠合框架梁的梁端箍筋加密区宜采用整体封闭箍筋，如图 2-29（a）所示。采用组合封闭箍筋的形式时，如图 2-29（b）所示，开口箍筋上方应做成 135° 弯钩。非抗震设计时，弯钩端头平直段长度不应小于 5d（d 为箍筋直径）。抗震设计时，平直段长度不应小于 10d。现浇应采用箍筋帽封闭开口箍，箍筋帽末端应做成 135° 弯钩。

（3）叠合梁对接连接时的要求（图 2-30）

1）连接处应设置后浇段，后浇段的长度应满足梁下部纵向钢筋连接作业的空间需求。

2）梁下部纵向钢筋在后浇段内宜采用机械连接、套筒灌浆连接或焊接连接。

3）后浇段内的箍筋应加密，箍筋间距不应大于 5d（d 为纵向钢筋直径），且不应大于 100mm。

（4）叠合主次梁的节点构造

叠合主梁与次梁采用后浇段连接时，应符合下列规定：

1）在端部节点处，次梁下部纵向钢筋伸入主梁后浇段内的长度不应小于 12d。次梁上部纵向钢筋应在主梁后浇段内锚固。当采用弯折锚固（图 2-31a）或锚固板时，锚固直段长度不应小于 $0.6l_{ab}$；当钢筋应力不大于钢筋强度设计值的 50% 时，锚固直段长

度不应大于 $0.35l_{ab}$；弯折锚固的弯折后直段长度不应小于 $12d$（d 为纵向钢筋直径）。

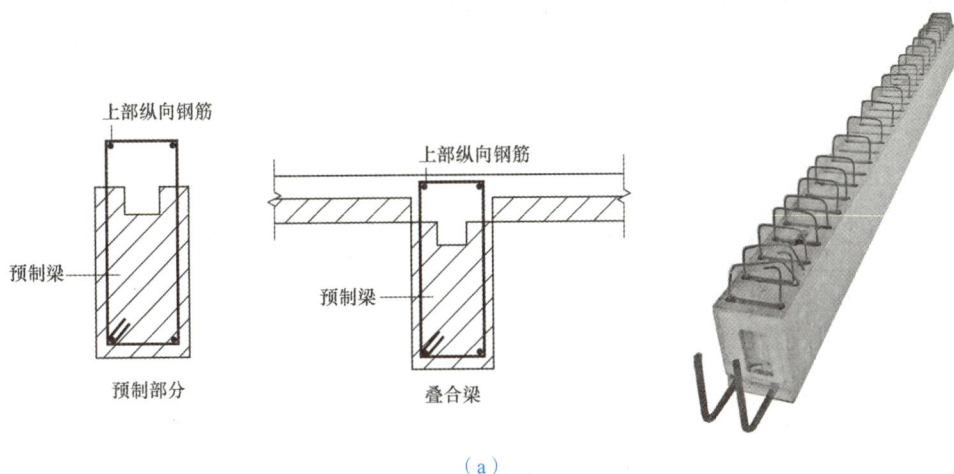

（a）

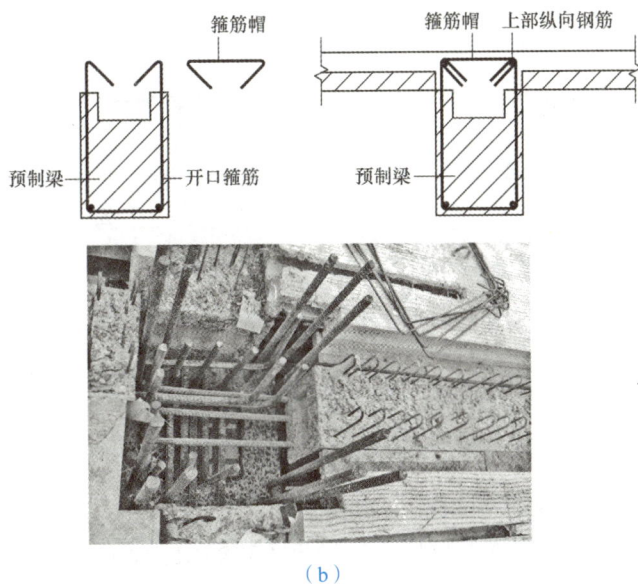

（b）

图 2-29　叠合梁箍筋构造示意图

（a）整体封闭箍筋；（b）组合封闭箍筋

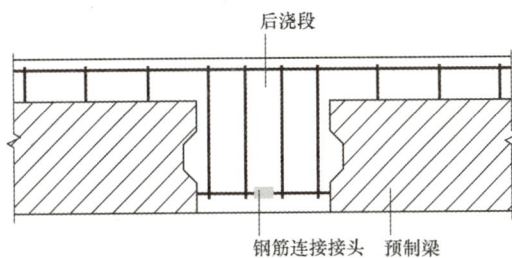

图 2-30　叠合梁连接节点示意图

2）在中间节点处，两侧次梁的下部纵向钢筋伸入主梁后浇段内长度不应小于 $12d$（d 为纵向钢筋直径）；次梁上部纵向钢筋应在现浇层内贯通（图 2-31b）。

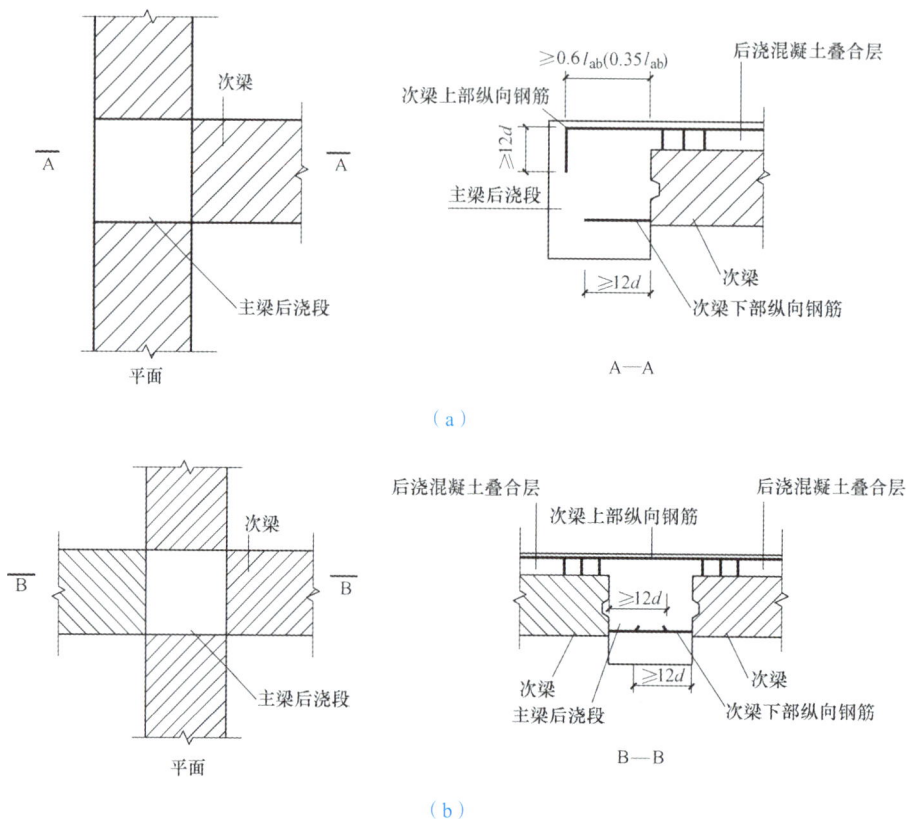

（a）

（b）

图 2-31　叠合主次梁的节点构造图

（a）端部节点；（b）中间节点

3. 预制混凝土剪力墙连接构造

预制剪力墙的顶面、底面和两侧面应处理为粗糙面或者制作键槽，与预制剪力墙连接的圈梁上表面也应处理为粗糙面，如图 2-32 所示。粗糙面露出的混凝土粗骨料不宜小于其最大粒径的 1/3，且粗糙面凹凸不应小于 6mm。根据《装配式混凝土结构技术规程》JGJ 1—2014，对高层预制装配式墙体结构，楼层内相邻预制剪力墙的连接应符合下列规定：

1）边缘构件应现浇，现浇段内按照现浇混凝土结构的要求设置箍筋和纵筋。如图 2-33～图 2-35 所示，预制剪力墙的水平钢筋应在现浇段内锚固，或者与现浇段内水平钢筋焊接或搭接连接。

2）上下剪力墙板之间，先在下墙板和叠合板上部浇筑圈梁连续带后，坐浆安装上部墙板，套筒灌浆或者浆锚搭接进行连接，如图 2-36 所示。

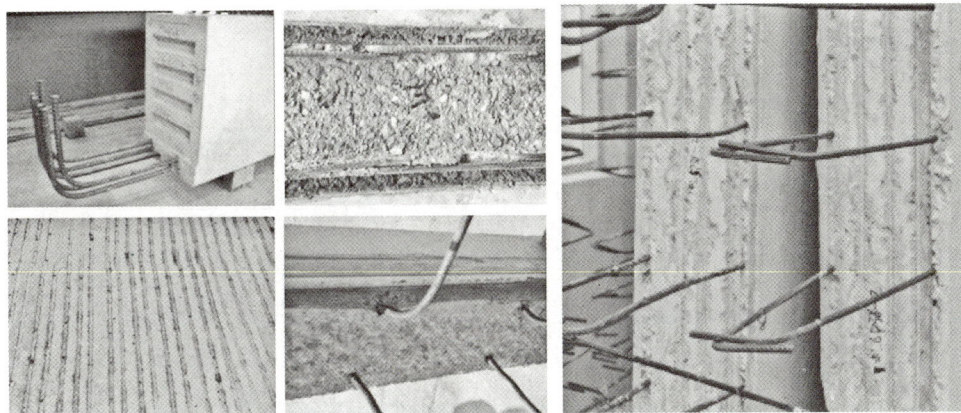

图 2-32　预制构件表面键槽和粗糙面处理示意图

图 2-33　边缘构件连接示意图

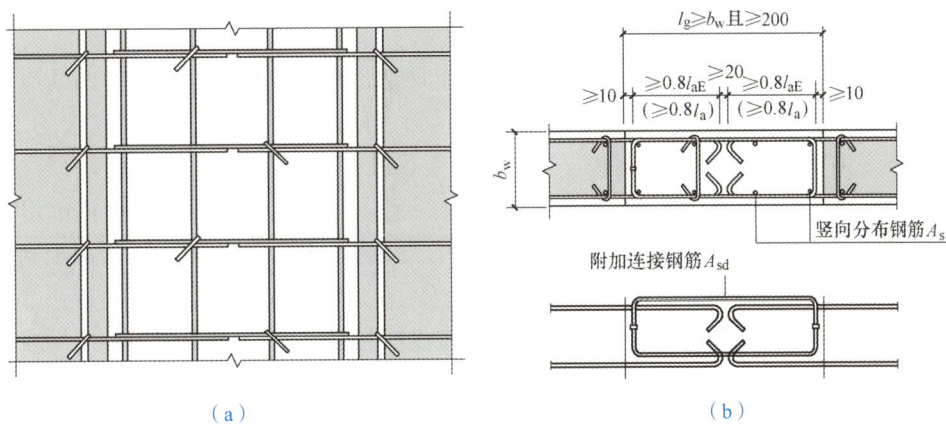

（a）

（b）

图 2-34　预制墙间的竖向接缝构造（附加封闭连接钢筋与预留弯钩钢筋连接）

（a）立面图；（b）平面图

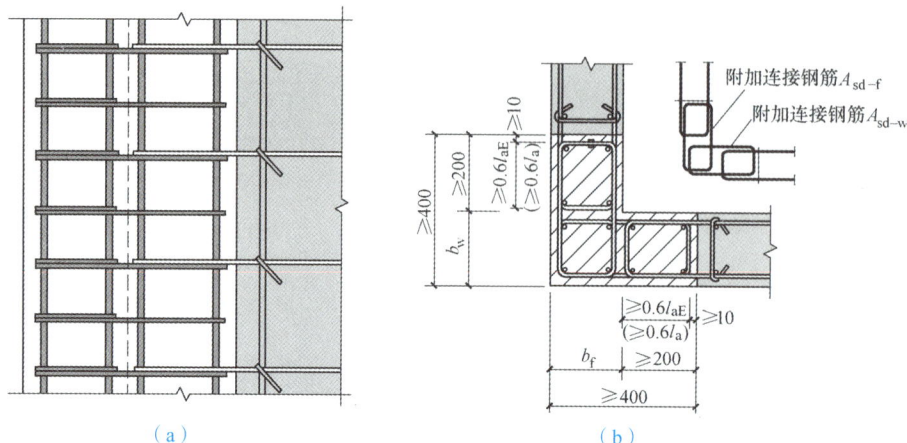

（a）   （b）

图 2-35   预制墙在转角墙处的竖向接缝构造（构造边缘转角墙）

（a）立面图；（b）平面图

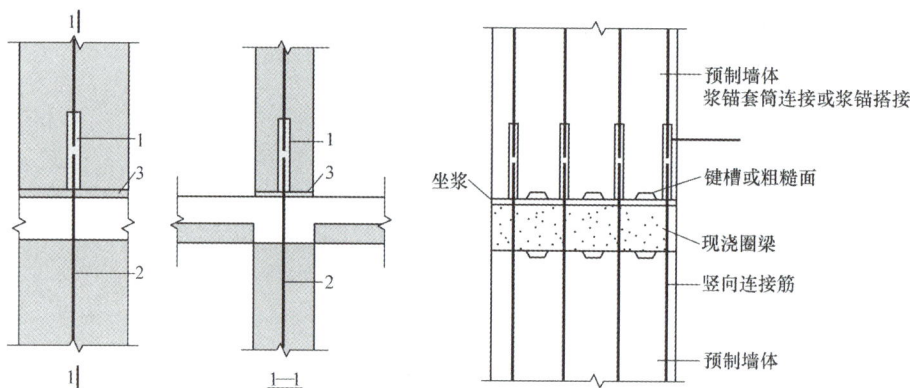

图 2-36   预制剪力墙板上下节点连接

1—钢筋套筒灌浆连接；2—连接钢筋；3—坐浆层

4. 预制混凝土叠合板连接构造

（1）预制混凝土与后浇混凝土之间的接合面应设置粗糙面。粗糙面的凹凸深度不应小于 4.1mm，以保证叠合面具有较强的粘结力，使两部分混凝土共同有效的工作。预制板厚度由于脱模、吊装、运输、施工等因素，最小厚度不宜小于 60mm。后浇混凝土层最小厚度不应小于 60mm，主要考虑楼板的整体性以及管线预埋、面筋铺设、施工误差等因素。当板跨度大于 3m 时，宜采用桁架钢筋混凝土叠合板，可增加预制板的整体刚度和水平抗剪性能；当板跨度大于 6m 时，宜采用预应力混凝土预制板，节省工程造价；板厚大于 180mm 的叠合板，其预制部分采用空心板，空心部分板端空腔应封堵，可减轻楼板自重，提高经济性能。

（2）叠合板支座处的纵向钢筋应符合下列规定：

1）端支座处，预制板内的纵向受力钢筋宜从板端伸出并锚入支撑梁或墙的后浇混凝土中，锚固长度不应小于 $5d$（d 为纵向受力钢筋直径），且宜伸过支座中心线，如图 2-37（a）所示。

　　2）单向叠合板的板侧支座处，当板底分布钢筋不伸入支座时，宜在紧邻预制板顶面的后浇混凝土叠合层中设置附加钢筋，附加钢筋截面面积不宜小于预制板内的同向分布钢筋面积，间距不宜大于 600mm，在板的后浇混凝土叠合层内锚固长度不应小于 15d，在支座内锚固长度不应小于 15d（d 为附加钢筋直径）且宜伸过支座中心线，如图 2-37（b）所示。

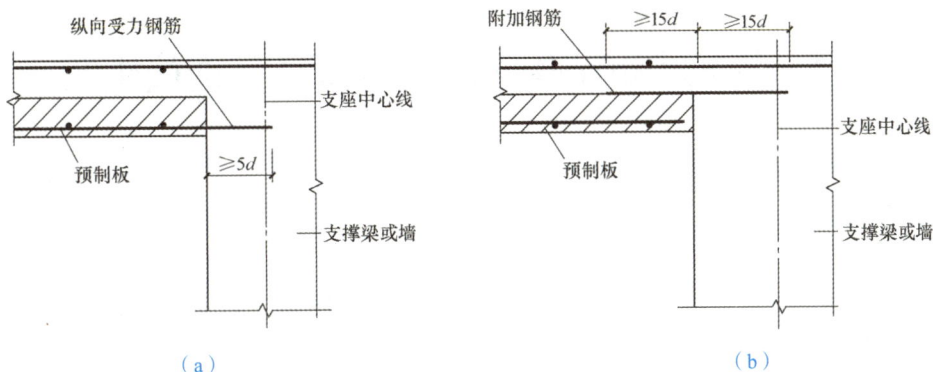

图 2-37　叠合板端及板侧支座构造示意

（a）板端支座；（b）板侧支座

　　3）单向叠合板板侧的分离式接缝宜配置附加钢筋，如图 2-38 所示。接缝处紧邻预制板顶面宜设置垂直于板缝的附加钢筋，附加钢筋伸入两侧后浇混凝土叠合层的锚固长度不应小于 15d（d 为附加钢筋直径）；附加钢筋截面面积不宜小于预制板中该方向钢筋面积，钢筋直径不宜小于 6mm，间距不宜大于 250mm。

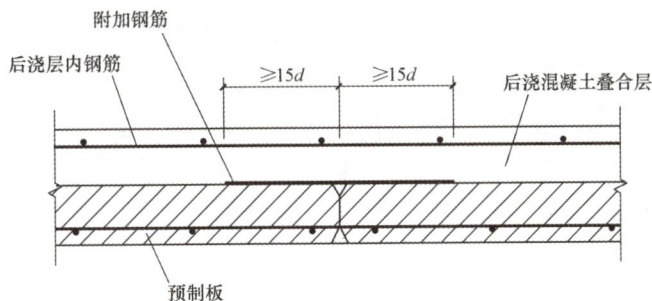

图 2-38　单向叠合板板侧分离式拼缝构造示意

　　4）双向叠合板板侧的整体式接缝处由于有应变集中情况，宜将接缝设置在叠合板的次要受力方向上且宜避开最大弯矩截面。接缝可采用后浇带形式，并应符合下列规定：

　　①后浇带宽度不宜小于 200mm；

　　②后浇带两侧板底纵向受力钢筋可在后浇带中焊接、搭接连接、弯折锚固；

　　③当后浇带两侧板底纵向受力钢筋在后浇带中弯折锚固时，应符合下列规定：

叠合板厚度不应小于 10d，且不应小于 120mm（d 为弯折钢筋直径的较大值）；垂

053

直于接缝的板底纵向受力钢筋配置量宜按计算结果增大 15% 配置；接缝处预制板侧伸出的纵向受力钢筋应在后浇混凝土叠合层内锚固，且锚固长度不应小于 l_a；两侧钢筋在接缝处重叠的长度不应小于 10d，钢筋弯折角度不应大于 30°，弯折处沿接缝方向应配置不少于 2 根通长构造钢筋，且直径不应小于该方向预制板内钢筋直径。

2.2 装配式钢结构建筑基本构件与连接构造

2.2.1 基本构件

装配式钢结构主要由型钢和钢板等制成的钢梁、钢柱、钢桁架等构件组成，各构件或部件之间通常采用焊接、螺栓或铆钉连接。装配式钢结构建筑是目前最为安全、可靠的装配式建筑。常见的钢框架结构基本的组成构件包括钢柱、钢梁、预制混凝土叠合板、预制混凝土剪力墙、预制混凝土楼梯等，这些主要受力构件通常在工厂预制加工完成，然后运输至施工现场进行现场装配施工，如图 2-39 所示。

钢结构基本
构件图集锦

图 2-39 装配式钢框架结构

1. 钢柱

钢柱按截面形状可分为实腹柱和格构柱。实腹柱具有整体的截面，常见的有工字形截面和十字形截面，如图 2-40、图 2-41 所示。格构柱常见的有 H 形格构柱和管格构柱，各肢间用缀条或缀板联系，如图 2-42 所示。

2. 钢梁

工字钢也称为钢梁，是截面为工字形状的长条钢材，工字钢的种类有热轧普通工字钢、轻型工字钢和宽平行腿工字钢。宽平行腿工字钢也称为 H 形工字钢，其断面特点是两腿平行，且腿内侧没有斜度，它属于经济断面型钢，是在四辊万能轧机上轧制的，所以又称"万能工字钢"，如图 2-43～图 2-45 所示。

（a）　　　　　　　　　　　　　　　　　（b）

图 2-40　工字形实腹钢柱

（a）工字形实腹钢柱（带牛腿）；（b）工字形实腹钢柱（不带牛腿）

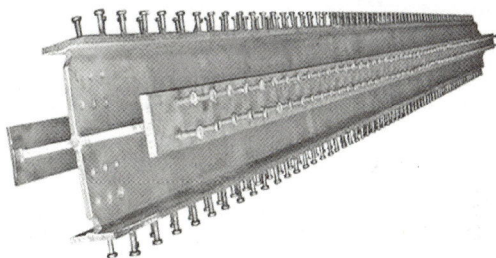

图 2-41　十字形实腹钢柱

（a）　　　　　　　　　　　　　　　　　（b）

图 2-42　格构柱

（a）H形格构柱；（b）管格构柱

图 2-43　普通工字钢

图 2-44　H 形工字钢

图 2-45　钢柱、钢梁节点连接示意图

3. 预制混凝土叠合板、预制混凝土剪力墙及预制混凝土楼梯

预制混凝土叠合板、预制混凝土剪力墙及预制混凝土楼梯等构件内容同装配式混凝土建筑相应内容。

4. 钢筋桁架楼承板

钢筋桁架楼承板是将楼板中的钢筋在工厂加工成钢筋桁架，并将钢筋桁架与镀锌压型钢板焊接成一体的组合模板（图 2-46）。在其上边浇筑混凝土，形成钢筋桁架混凝土板。

作为第三代钢筋桁架楼承板，除了具有前两代钢楼承板及现浇混凝土板的各种优点外，还具有技术领先、施工便捷、抗震、防火、防腐性能好、质量稳定、安全可靠、板底平整、选材经济、综合造价低、板型丰富等优点。钢筋桁架楼承板的设计科学合理，可减少现浇钢筋绑扎工作量70%左右，上下两层钢筋间距及混凝土保护层能得到保证，钢筋桁架均匀分布在底模板上，受力均匀。因钢筋桁架为三角梁设计，净空高度比压型钢板和现浇混凝土板提高20%，为后期的配筋、布线等配套施工提供了最大的空间和方便。

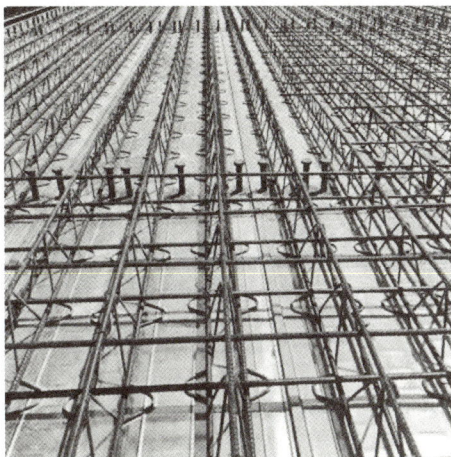

图2-46　钢筋桁架楼承板示意图

2.2.2　钢结构构件连接构造

1. 钢结构构件连接方式

钢结构构件之间的互相连接常采用焊缝连接、螺栓连接或铆钉连接。螺栓连接又分普通螺栓连接和高强度螺栓连接。

（1）焊缝连接。焊缝连接主要采用电弧焊，即通过电弧产生热量，使焊条和焊件局部熔化，经冷却凝结成焊缝，从而将焊件连接成一体。电弧焊包括手工电弧焊、自动或半自动埋弧焊及气体保护焊等，如图2-47所示。

钢结构构件连接构造图集锦

（a）

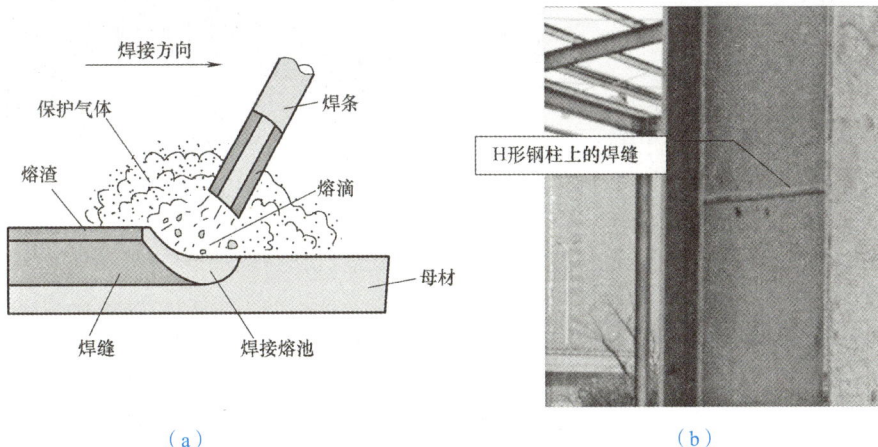

（b）

图2-47　焊缝连接

（a）电弧焊过程示意图；（b）钢柱焊缝示意图

（2）普通螺栓连接。普通螺栓连接的连接件包括螺栓杆、螺母和垫圈。普通螺栓用普通碳素结构钢或低合金结构钢制成，分粗制螺栓和精制螺栓两种。普通螺栓连接按受力情况可分为抗剪连接和抗拉连接，也有同时抗剪和抗拉的，如图 2-48 所示。

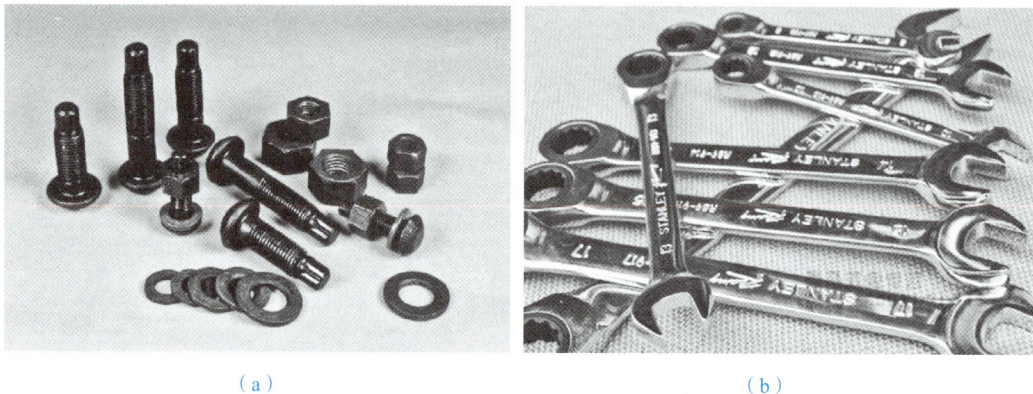

（a）　　　　　　　　　　　　　　　　　（b）

图 2-48　普通螺栓连接

（a）普通螺栓；（b）普通螺栓扳手

（3）高强度螺栓连接。高强度螺栓连接件亦由螺栓杆、螺母和垫圈组成，由强度较高的钢经过热处理制成。高强度螺栓连接用特殊扳手拧紧高强度螺栓，对其施加规定的预拉力，如图 2-49 所示。高强度螺栓抗剪连接按其传力方式分为摩擦型和承压型两类。

（a）　　　　　　　　　　　　　　　　　（b）

图 2-49　高强度螺栓连接

（a）高强度螺栓；（b）高强度剪扭型螺栓扳手

（4）铆钉连接。铆钉是由顶锻性能好的铆钉钢制成，铆钉连接的施工程序是先在被连接的构件上，制成比钉径大 1.0～1.5mm 的孔，然后将一端有半圆钉头的铆钉加热到呈樱桃红色，塞入孔内，再用铆钉枪或铆钉机进行铆合，使铆钉填满钉孔，并打成另一铆钉头，如图 2-50 所示。铆钉在铆合后冷却收缩，对被连接的板束产生夹紧力，有利于传力。铆钉连接的韧性和塑性都比较好，但铆接比栓接费工，比焊接费料，只用于承受较大的动力荷载的大跨度钢结构。一般情况下在工厂几乎为焊接所代替，在工地几乎为高强度螺栓连接所代替。

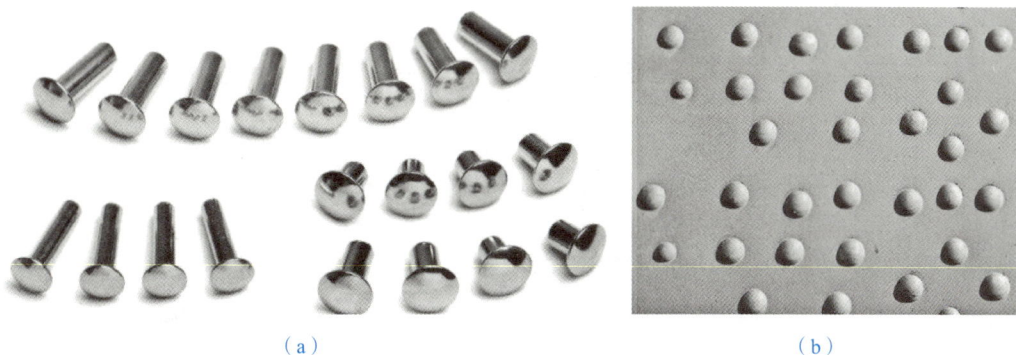

（a）　　　　　　　　　　　　　　　　　　　　（b）

图 2-50　铆钉连接

（a）铆钉；（b）铆钉连接示意图

2. 钢结构构件连接构造

（1）梁与柱连接构造

1）梁翼缘、梁腹板与柱均为全熔透焊接，即全焊接节点。

2）梁翼缘与柱全熔透焊接，梁腹板与柱螺栓连接，即栓焊混合节点。

3）梁翼缘、梁腹板与柱均为螺栓连接，即全栓接节点，如图 2-51 所示。

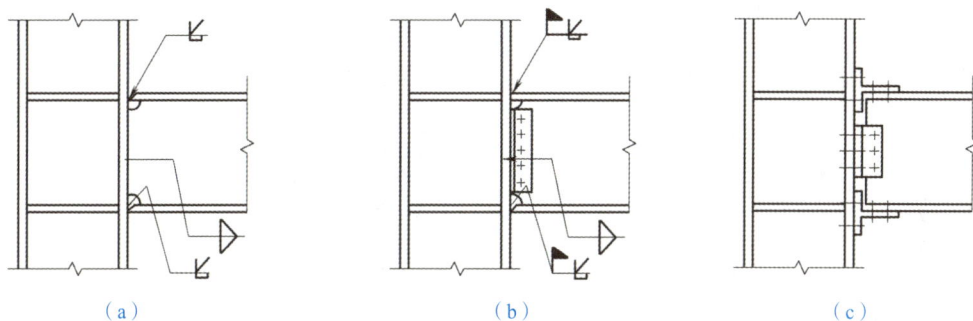

（a）　　　　　　　　　　　（b）　　　　　　　　　　　（c）

图 2-51　梁与柱连接构造

（a）全焊接节点；（b）栓焊混合节点；（c）全栓接节点

（2）次梁与主梁连接构造

次梁与主梁的连接通常设计为铰接，主梁作为次梁的支座，次梁可视为简支梁，其拼接形式如图 2-52 所示。次梁腹板与主梁的竖向加劲板用高强度螺栓连接如图 2-52（a）（b）所示；当次梁内力和截面较小时，也可直接与主梁腹板连接，如图 2-52（c）所示。

（3）柱脚与基础连接构造

钢柱脚包括外露式柱脚、外包式柱脚和埋入式柱脚三类。抗震设计时，宜优先采用埋入式柱脚；外包式柱脚可在有地下室的高层民用建筑中采用。各类柱脚均应进行受压、受弯、受剪承载力计算，其轴力、弯矩、剪力设计值取钢柱底部的相应设计值。柱脚与基础连接通常是在基础中预埋钢板与螺栓，然后与柱脚预留的螺栓孔利用螺栓进行连接，埋入式柱脚及外包式柱脚在钢柱上设置栓钉，如图 2-53 所示。

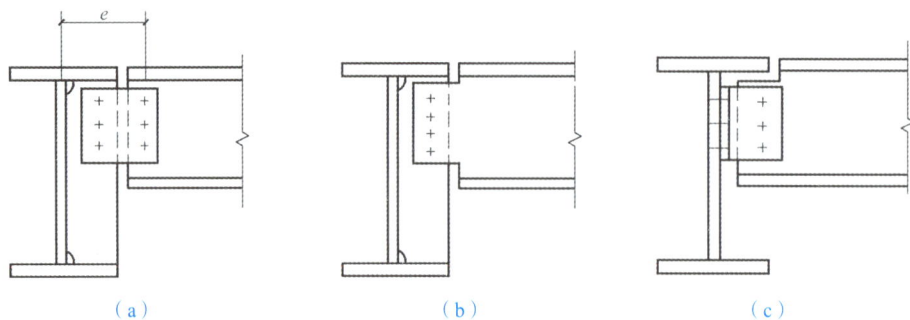

图 2-52　次梁与主梁的螺栓简支连接

（a）用拼接板分别连于次梁与主梁加劲肋上；（b）次梁腹板连于主梁上；（c）用角钢分别连于主、次梁腹板上

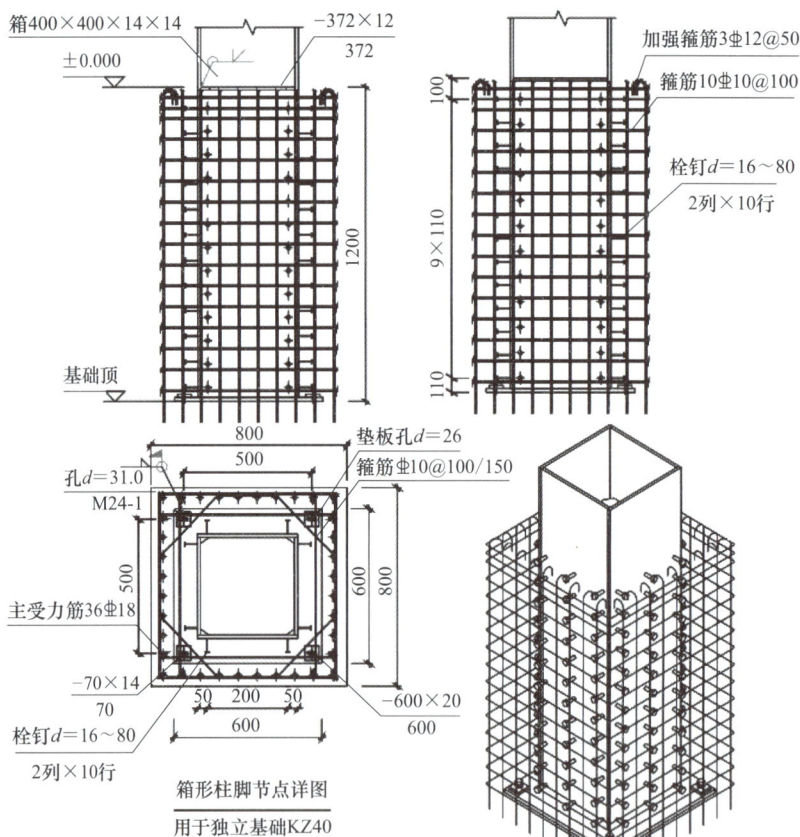

箱400×400×14×14　　−372×12
±0.000　　372
加强箍筋3⾀12@50
箍筋10⾀10@100
栓钉d＝16～80
2列×10行
1200
9×110
基础顶
110
100

800
500
垫板孔d＝26
箍筋⾀10@100/150
孔d＝31.0
M24-1
500
600
800
主受力筋36⾀18
−70×14
70
50 200 50
600
−600×20
600
栓钉d＝16～80
2列×10行

箱形柱脚节点详图
用于独立基础KZ40

图 2-53　柱脚与基础螺栓连接

（4）叠合板板端与板侧连接构造参见预制混凝土构件连接相应内容。

（5）楼梯与楼梯梁连接构造

预制混凝土楼梯梯段板上下端与钢梯梁采用铰接连接，滑动支座放置在下支撑点上，如图 2-54 所示。预制混凝土楼梯容易实现抗震设计时减小楼梯对主体结构刚度的影响，滑动支座实现简便。采用构造措施，断开楼梯与主体结构的连接，使楼梯不参与整体结构受力，不但可以改善楼梯受力状态，还可以减少由于楼梯引起的结构不规则性和地震反应的不确定性。

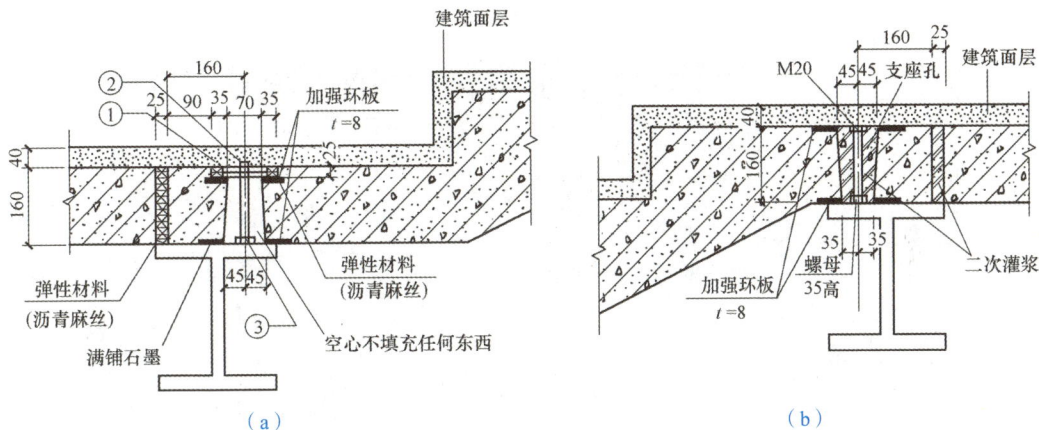

（a）　　　　　　　　　　　　　　　　（b）

图 2-54　楼梯支座连接大样图

（a）梯段板下端与钢梯梁连接；（b）梯段板上端与钢梯梁连接

2.3　装配式木结构建筑基本构件与连接构造

2.3.1　基本构件

装配式木结构主要包括轻型木结构、重型木结构和原木结构。装配式木结构主要结构构件包括柱、梁、墙面板，楼面板和屋面板等。轻型木结构多用于多层住宅建筑；重型木结构多用于学校、体育馆、展览厅、教堂、火车站等大空间公共建筑，例如上海世博会温哥华馆，该建筑一层为混凝土结构，二层和三层采用了现代轻型木结构和重型木结构建造技术，是一栋混合结构建筑；原木结构多用于风景区、旅游景点的休闲场所或宾馆等建筑，如图 2-55～图 2-57 所示。

木结构基本构件图集锦

图 2-55　轻型木结构建筑

（a）

（b）

（c）

（d）

图 2-56　重型木结构建筑

（a）温哥华馆全景；（b）馆内结构；（c）温哥华馆施工过程；（d）馆内结构仰视

图 2-57　原木结构建筑

2.3.2　木结构构件连接构造

装配式木结构构件可以用钢板、螺栓、钉和销等连接起来，最常用到的连接形式有钉连接、螺栓连接、榫卯连接等。

1. 钉连接

木结构中，面板与墙骨柱、面板与次梁等的连接常采用钉连接，如图 2-58 所示。

（a）　　　　　　　　　　　　　　　　（b）

（c）　　　　　　　　　　　　　　　　（d）

图 2-58　木构件钉连接

2. 螺栓连接

木结构中，主梁与柱等主要构件的连接常采用螺栓连接等，如图 2-59 所示。

图 2-59　木构件螺栓连接

3. 榫卯连接

榫卯是"榫头""卯眼"的简称。在传统木工加工制作中，连接两个或多个木材构件一般采用"榫卯构造"形式。其中，木材构件上的凸出部分称为"榫"（或叫"榫头"），凹入部分称为"卯"（或叫"卯眼"）。最基本的榫卯结构，是由"榫头"和"卯眼"两个部分组成，"榫头"插入"卯眼"中，使两个构件连接并固定，如图 2-60 所示。

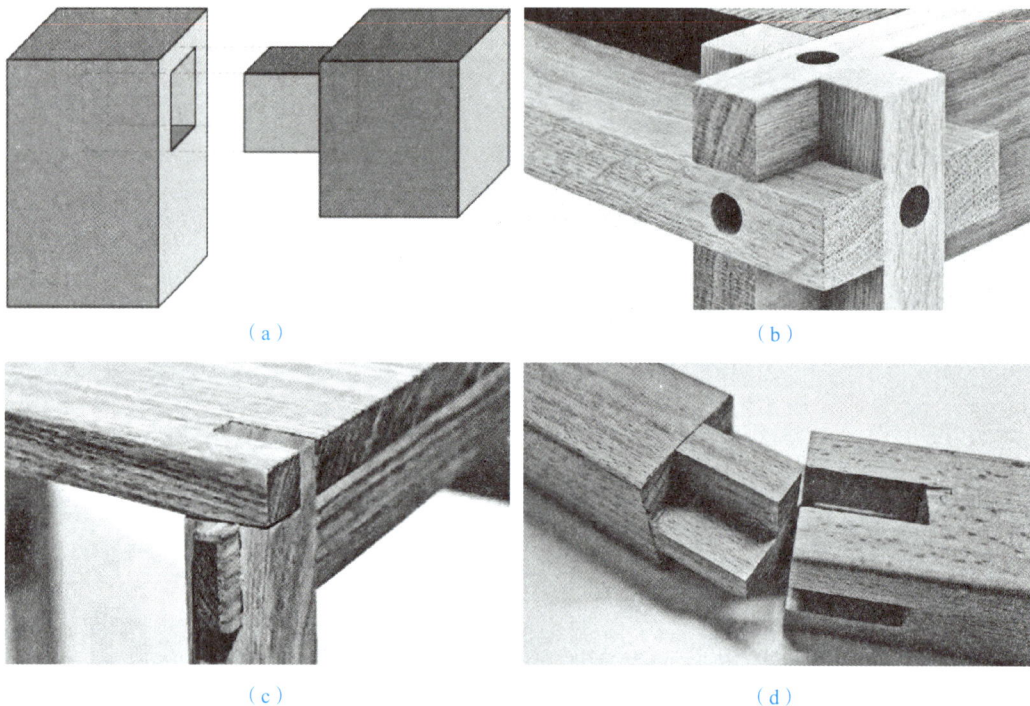

（a）   （b）

（c）   （d）

图 2-60　木构件榫卯连接

4. 连接件与螺栓组合连接

将连接件（如钢板）与柱用螺栓连接，在横梁上预先制作出线槽与圆孔，将连接件插入线槽内，用销进行固定，如图 2-61 所示。

（a）   （b）

图 2-61　木构件连接件与螺栓组合连接（一）

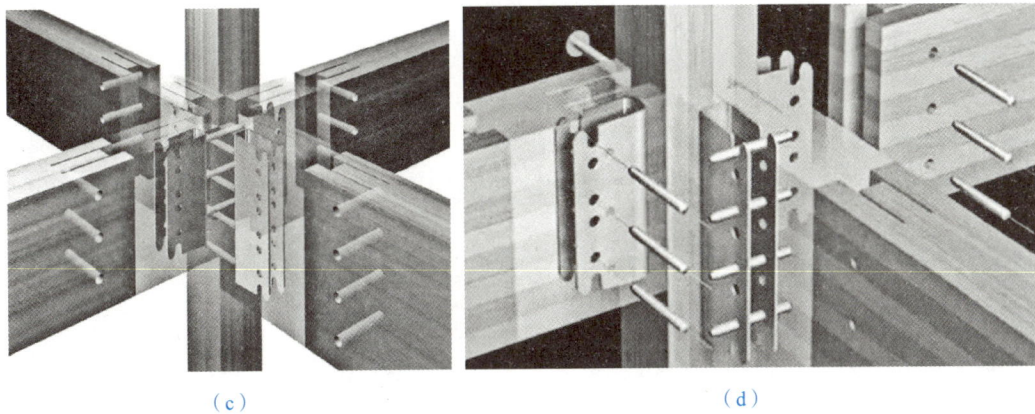

（c）　　　　　　　　　　　　　　　　　　　（d）

图 2-61　木构件连接件与螺栓组合连接（二）

习　题

1. 简述装配式混凝土结构基本构件的组成及种类。

2. 简述预制混凝土柱、梁、墙、板等构件的连接构造。

3. 简述装配式钢结构基本构件的组成及种类。

4. 简述钢梁、钢柱等构件的连接构造。

5. 简述装配式木结构基本构件的组成及种类。

6. 简述木结构构件的连接构造。

教学单元 3

装配式混凝土结构建筑

【教学目标】通过本部分学习，掌握装配式混凝土结构包括装配整体式混凝土框架结构、装配整体式混凝土剪力墙结构、装配整体式混凝土框架－剪力墙结构；掌握装配式混凝土结构建筑技术体系内容、装配整体式混凝土框架结构体系内容及装配整体式混凝土剪力墙结构技术特点；掌握套筒灌浆连接技术、螺旋箍筋约束浆锚搭接连接技术和金属波纹管浆锚搭接连接技术要点；掌握装配整体式混凝土框架－剪力墙结构体系、装配整体式混凝土框架－现浇剪力墙结构体系以及装配整体式混凝土框架－现浇核心筒结构体系内容；掌握装配式混凝土结构建筑围护体系种类（包括预制混凝土外围护墙板、预制内隔墙板以及楼板和屋面板等）及其基本概念和特点；掌握装配式混凝土结构建筑设计标准与规范、装配式混凝土结构建筑施工验收标准与规范的种类。

【课程思政】港珠澳大桥是在"一国两制"条件下粤港澳三地首次合作共建的超大型基础设施项目。全长 55km，是世界上最长的跨海大桥。它包括 22.9km 的钢结构主体桥梁，4 个人工岛和 1 段 6.7km 的世界最长海底沉管隧道。大桥建设初期，我国的沉管隧道技术几乎还是空白，我国技术人员经过刻苦钻研，克服了这道困难，建成了举世瞩目的港珠澳大桥。通过这个案例，促使学生克服学业困难，激发自主学习动力和毅力，培养团队协作、敢于担当和勇于创新的精神。

3.1 装配式混凝土结构建筑技术体系

装配式混凝土结构是由预制混凝土构件（包括预制混凝土剪力墙或柱、预制混凝土叠合楼板或梁、预制混凝土楼梯、预制混凝土阳台以及预制混凝土空调板等）通过可靠的连接方式装配而成的混凝土结构。为了满足因抗震而提出的"等同现浇"要求，目前常采用装配整体式混凝土结构，即由预制混凝土构件通过可靠的方式进行连接，并与现场后浇混凝土、水泥基灌浆料形成整体的装配式混凝土结构，包括装配整体式混凝土框架结构、装配整体式混凝土剪力墙结构、装配整体式混凝土框架－剪力墙结构、装配整体式混凝土部分框支剪力墙结构等，如图 3-1 所示。装配式混凝土结构建筑技术体系一般包括结构体系、围护体系、内装体系及设备管线体系，其中围护体系又分为外墙、内隔墙及楼板结构等。

装配式混凝土结构作为装配式建筑的主力军，对装配式建筑的发展发挥着重要作用，主要适用于住宅建筑和公共建筑。装配式混凝土结构承受竖向与水平荷载的基本单元主要为框架和剪力墙，这些基本单元可组成不同的结构体系，本部分主要介绍结构体系和围护体系。

3.1.1 装配式混凝土结构建筑结构体系

1. 装配整体式混凝土框架结构

装配整体式混凝土框架结构体系为全部或部分框架梁、柱采用预制构件，通过采用各种可靠的方式进行连接，形成整体的装配式混凝土结构体系，简称装配整体式框架结构。装配整体式框架结构基本组成构件为柱、梁、板等。一般情况下，楼盖采用叠合楼板，梁采用预制，柱可以预制也可以现浇，梁柱节点采用现浇。框架结构建筑平面布置灵活，造价低，使用范围广泛，主要应用于多层工业厂房、仓库、商场、办公楼、学校等建筑，如图 3-1（a）所示。

混凝土结构体系图集锦

对装配式结构而言，预制构件之间的连接是最关键的核心技术。常用的连接方式为钢筋套筒灌浆连接和我国自主研发的螺旋箍筋约束浆锚搭接技术。当结构层数较多时，柱的纵向钢筋采用套筒灌浆连接可保证结构的安全；对于低层和多层框架结构，柱的纵向钢筋连接也可以采用一些相对简单及造价较低的方法，如钢筋约束浆锚连接技术。装配整体式混凝土框架结构根据连接形式，常见以下两种情况：

（1）框架梁、柱预制，通过梁柱后浇节点区进行整体连接

如图 3-2 所示为梁柱节点区后浇的装配整体式混凝土框架结构。这类结构大多采用一字形预制梁、柱构件，梁内纵筋在后浇梁柱节点区搭接或锚固。施工时，先定位安

装预制梁和叠合楼板，在梁上部、楼板表面和梁柱节点区布置钢筋，然后浇筑混凝土。待后浇混凝土达到设计强度后，安装上柱，将上、下柱纵筋通过套筒灌浆连接在一起。

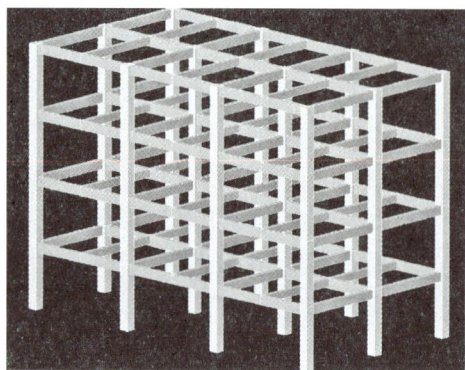

（a）

（b）

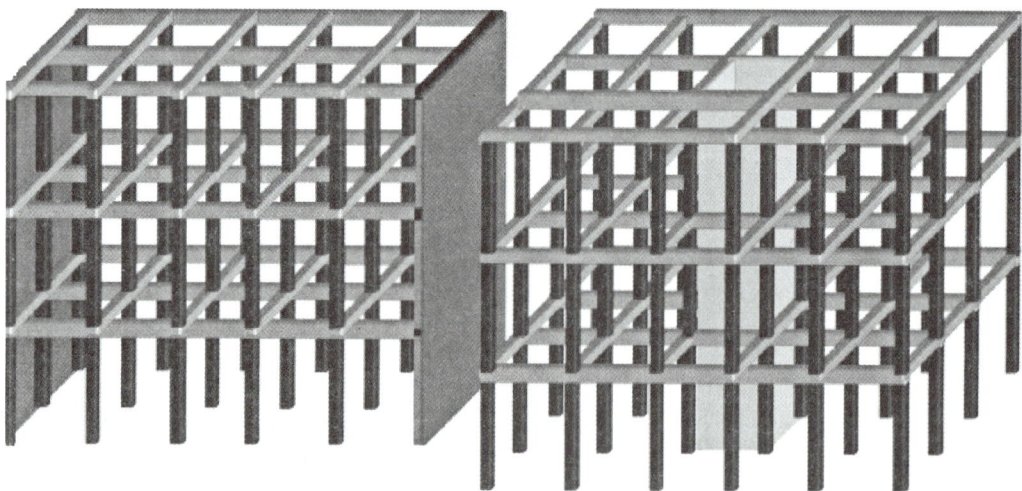

（c）

图 3-1　装配整体式混凝土结构种类示意图

（a）装配整体式混凝土框架结构；（b）装配整体式混凝土剪力墙结构；（c）装配整体式混凝土框架－剪力墙结构

图 3-2　节点区后浇装配整体式混凝土框架结构示意图

（2）梁柱节点与构件一同预制，在梁、柱构件上设置后浇段连接

如图 3-3 所示为节点区整体预制装配整体式混凝土框架结构。梁柱节点与构件整体预制时，构件可采用一维构件、二维构件和三维构件，二维、三维构件由于安装、运输困难，应用较少。一维构件结构有时为了保证整体性，会在节点区采用部分现浇混凝土，待混凝土达到预定强度后，通过套筒灌浆安装上柱；另一种形式为节点随梁或柱整体预制，再通过套筒灌浆连接其他构件。

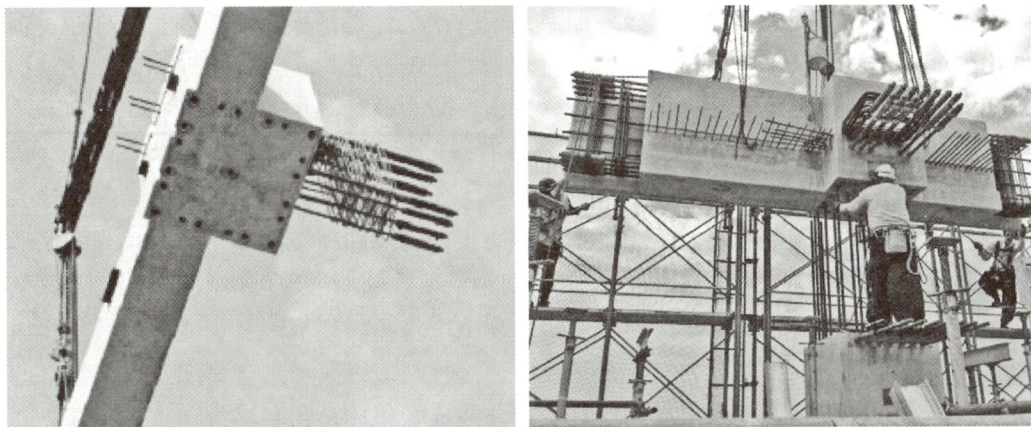

图 3-3　节点区整体预制装配整体式混凝土框架结构示意图（一）

图 3-3　节点区整体预制装配整体式混凝土框架结构示意图（二）

2. 装配整体式混凝土剪力墙结构

（1）装配式剪力墙结构体系分类

国内装配式剪力墙结构体系按照主要受力构件的预制及连接方式可分为装配整体式剪力墙结构体系（竖向钢筋连接方式包括套筒灌浆连接、浆锚搭接连接等）、叠合剪力墙结构体系和多层剪力墙结构体系。

各结构体系中，装配整体式剪力墙结构体系应用较多，适用的房屋高度最大，如图 3-4（a）所示；叠合剪力墙结构体系主要应用于多层建筑或低烈度区高度不大的高层建筑中，如图 3-4（b）所示；多层剪力墙结构体系目前应用较少，但基于其高效、简便的特点，在新型城镇化的推进过程中前景广阔，如图 3-4（c）所示。

（2）装配整体式混凝土剪力墙结构

1）装配整体式混凝土剪力墙结构技术特点

装配整体式混凝土剪力墙结构的主要受力构件，如内外墙板、楼板等在工厂生产，并在现场组装而成。预制构件之间通过现浇节点连接在一起，有效地保证了建筑物的整体性和抗震性能。这种结构可大大提高结构尺寸的精度和住宅的整体质量；减少模板和脚手架作业，提高施工安全性；外墙保温材料和结构材料（钢筋混凝土）复合一体工厂化生产，节能保温效果明显，保温系统的耐久性得到极大的提高；构件通过标准化生产，土建和装修一体化设计，减少浪费；户型标准化，模数协调，房屋使用面积相对较高，节约土地资源；采用装配式建造，减少现场湿作业，降低施工噪声和粉尘污染，减少建筑垃圾和污水排放。

2）装配整体式混凝土剪力墙结构体系

装配整体式混凝土剪力墙结构以预制混凝土剪力墙和现浇混凝土剪力墙作为结构的竖向承重和水平抗侧力构件，通过整体式连接而成。包括同层预制墙板间以及预制墙板与现浇剪力墙的整体连接，即采用竖向现浇段将预制墙板以及现浇剪力墙连接成为整体；楼层间的预制墙板的整体连接，即通过预制墙板底部结合面灌浆以及顶部的水平现浇带和圈梁，将相邻楼层的预制墙板连接成为整体；预制墙板与水平楼盖之间的整体连接，即水平现浇带和圈梁。

（a）

（b）

（c）

图 3-4　装配整体式混凝土剪力墙结构体系分类

（a）装配整体式剪力墙结构体系；（b）叠合剪力墙结构体系；（c）多层剪力墙结构体系

目前，装配整体式混凝土剪力墙结构的关键技术在于预制剪力墙之间的拼缝连接。预制墙体的竖向接缝多采用后浇混凝土连接，其水平钢筋在后浇段内锚固或者搭接，具体有以下四种连接做法：① 竖向钢筋采用套筒灌浆连接，拼接采用灌浆料填实；② 竖向钢筋采用螺旋箍筋约束浆锚搭接连接，拼缝采用灌浆料填实；③ 竖向钢筋采用金属波纹管浆锚搭接连接，拼缝采用灌浆料填实；④ 竖向钢筋采用套筒灌浆连接结合预留后浇区搭接连接。

3）套筒灌浆连接技术

钢筋的套筒灌浆连接广泛用于结构中纵向钢筋的连接，在保证施工质量的前提下性能可靠。当套筒灌浆连接技术应用于剪力墙竖向钢筋连接时，就形成了钢筋套筒灌浆连接的装配整体式混凝土剪力墙结构体系。

① 钢筋套筒灌浆连接原理

将带肋钢筋插入套筒，向套筒内灌注无收缩或微膨胀的水泥基灌浆料，充满套筒与钢筋之间的间隙，灌浆料硬化后与钢筋的横肋和套筒内壁凹槽或凸肋紧密齿合，钢筋连接后所受外力能够有效传递。

实际应用在竖向预制构件时，通常将灌浆连接套筒现场连接端固定在构件下端部模板上，另一端即预埋端的孔口安装密封圈，构件内预埋的连接钢筋穿过密封圈插入灌浆连接套筒的预埋端，套筒两端侧壁上灌浆孔和出浆孔分别引出两条灌浆管和出浆管连通至构件外表面，预制构件成型后，套筒下端为连接另一构件钢筋的灌浆连接端。构件在现场安装时，将另一构件的连接钢筋全部插入该构件上对应的灌浆连接套筒内，从构件下部各个套筒的灌浆孔向各个套筒内灌注高强灌浆料，至灌浆料充满套筒与连接钢筋的间隙从所有套筒上部出浆孔流出，灌浆料凝固后，即形成钢筋套筒灌浆接头，从而完成两个构件之间的钢筋连接。

② 钢筋套筒灌浆连接工艺

钢筋套筒灌浆连接分 2 个阶段进行，第 1 阶段在预制构件加工厂，第 2 阶段在结构安装现场。预制剪力墙在工厂预制加工阶段，是将一端钢筋与套筒进行连接或预安装，再与构件结构中其他钢筋连接固定，套筒侧壁接灌浆、排浆管并引到构件模板外，然后浇筑混凝土，将连接钢筋、套筒预埋在构件内。其连接钢筋和套筒的布置如图 3-5 所示。

4）螺旋箍筋约束浆锚搭接连接技术

传统现浇混凝土结构的钢筋搭接一般采用绑扎连接或直接焊接等方式，而装配式结构预制构件之间的连接除了采用钢筋套筒灌浆连接以外，有时也采用钢筋浆锚搭接连接的方式。与钢筋套筒灌浆连接相比，钢筋浆锚搭接连接同样安全可靠、施工方便、成本相对较低。

螺旋箍筋约束浆锚搭接连接的受力机理是将拉结钢筋锚固在带有螺旋箍筋加固的预留孔内，通过高强度无收缩水泥砂浆的灌浆实现力的传递。也就是说钢筋中的拉力是通过剪力传递到灌浆料中，再传递到周围的预制混凝土之间的界面中去，也称之为间接锚固或间接搭接。

（a）

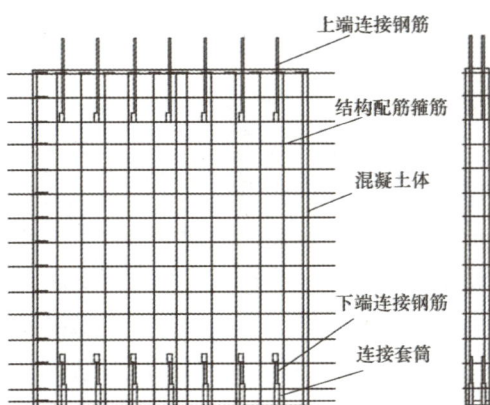

上端连接钢筋

结构配筋箍筋

混凝土体

下端连接钢筋

连接套筒

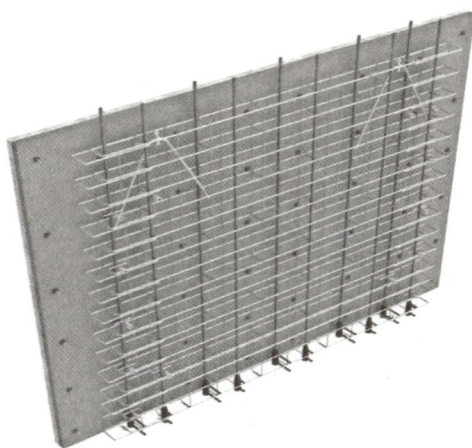

（b）

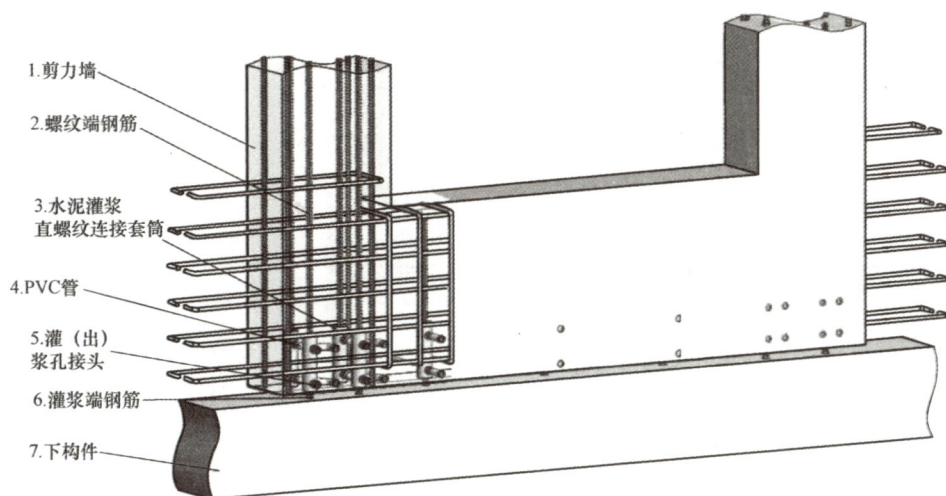

1.剪力墙

2.螺纹端钢筋

3.水泥灌浆
直螺纹连接套筒

4.PVC管

5.灌（出）
浆孔接头

6.灌浆端钢筋

7.下构件

（c）

图 3-5　预制剪力墙钢筋与灌浆套筒连接示意图（一）

（a）钢筋与套筒连接示意图；（b）无洞口剪力墙钢筋套筒灌浆连接示意图

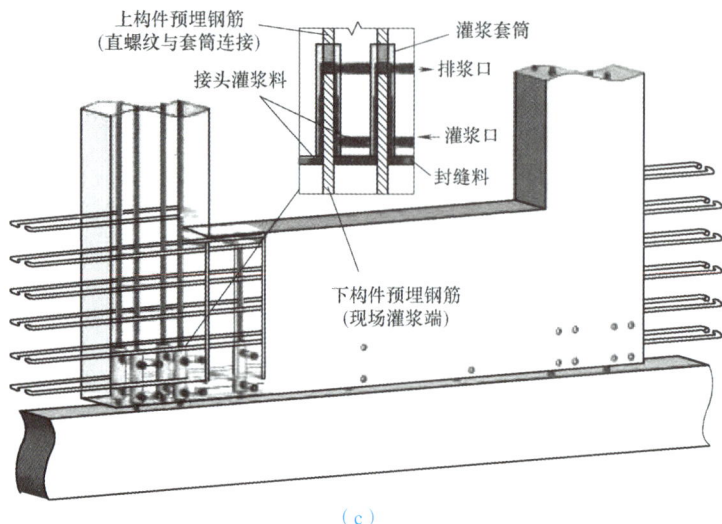

（c）

图 3-5　预制剪力墙钢筋与灌浆套筒连接示意图（二）

（c）带洞口剪力墙钢筋套筒灌浆连接示意图

　　连接钢筋采用浆锚搭接连接时，可在下层预制构件中设置竖向连接钢筋与上层预制构件内的连接钢筋通过浆锚搭接连接。纵向钢筋采用浆锚搭接连接时，对预留孔成孔工艺、孔道形状和长度、构造要求、灌浆料和被连接的钢筋应进行力学性能以及适用性的试验验证。直径大于 20mm 的钢筋不宜采用浆锚搭接连接，直接承受动力荷载构件的纵向钢筋不应采用浆锚搭接连接。值得注意的是直接承受动力荷载构件的纵向钢筋不应采用浆锚搭接连接；对于结构重要部位，例如抗震等级为一级的剪力墙以及抗震等级为二、三级底部加强部位的剪力墙，剪力墙的边缘构件不宜采用浆锚搭接连接；直径大于 18mm 的纵向钢筋不宜采用浆锚搭接连接。如图 3-6 所示为螺旋箍筋约束浆锚搭接连接示意图，其中浆锚灌浆连接节点施工的关键是灌浆材料及施工工艺、无收缩水泥灌浆施工质量。

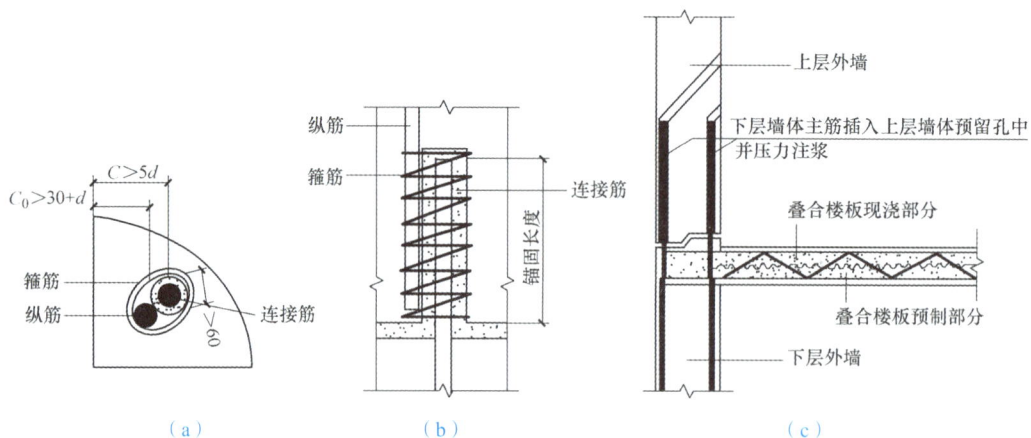

图 3-6　螺旋箍筋约束浆锚搭接连接示意图

（a）横断面图；（b）纵剖面图；（c）横剖面图

5）金属波纹管浆锚搭接连接技术

金属波纹管浆锚搭接技术原理为：在竖向应用的预制混凝土构件中，首先在构件下端部预埋连接钢筋外绑设一条大口径金属波纹管，金属波纹管贴紧预埋连接钢筋并延伸到构件下端面形成一个波纹管孔洞，波纹管另一端向上从预制构件侧壁引出，预制构件浇筑成型后每根连接钢筋旁都形成一根波纹管形成的预留孔。构件在现场安装时，将另一构件的连接钢筋全部插入该构件上对应的波纹管内后，从波纹管上方孔注入高强灌浆料，灌浆料充满波纹管与连接钢筋的间隙，灌浆料凝固后即形成一个钢筋搭接锚固接头，实现两个构件之间的钢筋连接，如图3-7所示为金属波纹管浆锚搭接连接示意图。

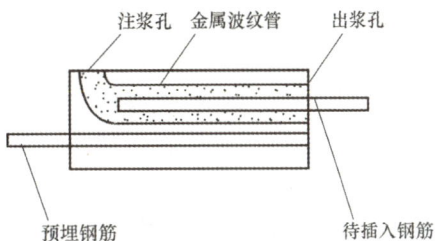

图 3-7　金属波纹管浆锚搭接连接示意图

6）叠合剪力墙体系

作为装配整体式混凝土剪力墙结构体系的一种特例——叠合剪力墙体系，是将剪力墙沿厚度方向分为三层，内、外两层预制，中间层后浇，形成"三明治"结构，如图3-8所示。三层之间通过预埋在预制板内桁架钢筋进行结构连接。叠合剪力墙利用内、外两侧预制部分作为模板，中间层后浇混凝土可与叠合楼板的后浇层同时浇筑，施工便利、速度较快。一般情况下，相邻层剪力墙仅通过在后浇层内设置的连接钢筋进行结构连接，虽然施工快捷，但内、外两层预制混凝土板与相邻层不相连接（包括配置在内、外叶预制墙板内的分布钢筋也不上下连接），因此预制混凝土板部分在水平接缝位置基本不参与抵抗水平剪力，其在水平接缝处的平面内受剪和平面外受弯有效墙厚大幅减少，其最大适用高度也受到相应的限制。国家标准《装配式混凝土建筑技术标准》GB/T 51231—2016中明确规定该结构适用于抗震设防烈度8度及以下地区、建筑高度不超过90m的装配式房屋。

图 3-8　叠合剪力墙结构示意图

3. 装配整体式混凝土框架 - 剪力墙结构体系

框架－剪力墙结构是由框架和剪力墙共同承受竖向和水平作用的结构，兼有框架结构和剪力墙结构的特点，体系中框架和剪力墙布置灵活，较易实现大空间和较高的适用高度，可以满足不同建筑功能的要求，广泛应用于居住建筑、商业建筑及办公建筑等。当剪力墙在结构中集中布置形成筒体时，就成为框架－核心筒结构，其主要特点是剪力墙布置在建筑平面核区域，形成结构刚度和承载力较大的筒体，同时可作为竖向交通核（楼梯、电梯间）和设备管井使用；框架结构布置在建筑周边区域，形成第二道抗侧力体系，特别适合于办公、酒店及公寓等高层和超高层民用建筑。

根据预制构件部位的不同，装配整体式混凝土框架－剪力墙结构体系主要包括装配整体式混凝土框架－现浇剪力墙结构体系和装配整体式混凝土框架－现浇核心筒结构体系。

（1）装配整体式混凝土框架－现浇剪力墙结构体系

装配整体式混凝土框架－现浇剪力墙结构体系中，框架结构部分的要求详见装配整体式混凝土框架部分；剪力墙部分为现浇结构，与普通现浇剪力墙结构要求相同。《装配式混凝土结构技术规程》JGJ 1—2014规定，在保证框架部分连接可靠的情况下，装配整体式混凝土框架－现浇剪力墙结构与现浇的混凝土框架－剪力墙结构最大适用高度相同。这种体系的优点是适用高度大，抗震性能好，框架部分的装配化程度较高；主要缺点是现场同时存在预制装配和现浇两种作业方式，施工组织和管理复杂，效率不高。

（2）装配整体式混凝土框架－现浇核心筒结构体系

装配整体式混凝土框架－现浇核心筒结构体系中，核心筒具有很大的水平抗侧刚度和承载力，是框架－核心筒结构的主要受力构件，可以分担绝大部分的水平剪力（一般大于80%）和大部分的倾覆弯矩（一般大于50%），如图3-9所示。由于核心筒具有空间结构特点，若将核心筒设计为预制装配式结构，会造成预制剪力墙构件生产、运输、安装施工的困难，效率及经济效益并不高。因此，从保证结构安全以及施工效率的角度出发，国内外一般均不采用预制核心筒的结构形式。核心筒部位的混凝土浇筑量大且集中，可采用滑模施工等较先进的施工工艺，施工效率高。而外框架部分主要承担竖向荷载和部分的水平荷载，承受的水平剪力很小，且主要由柱、梁、板等构件组成，适合装配式工法施工，现有的钢框架－现浇混凝土核心筒结构就是应用比较成熟的范例，如图3-10所示。

图 3-9　装配整体式混凝土框架－现浇核心筒结构示意图

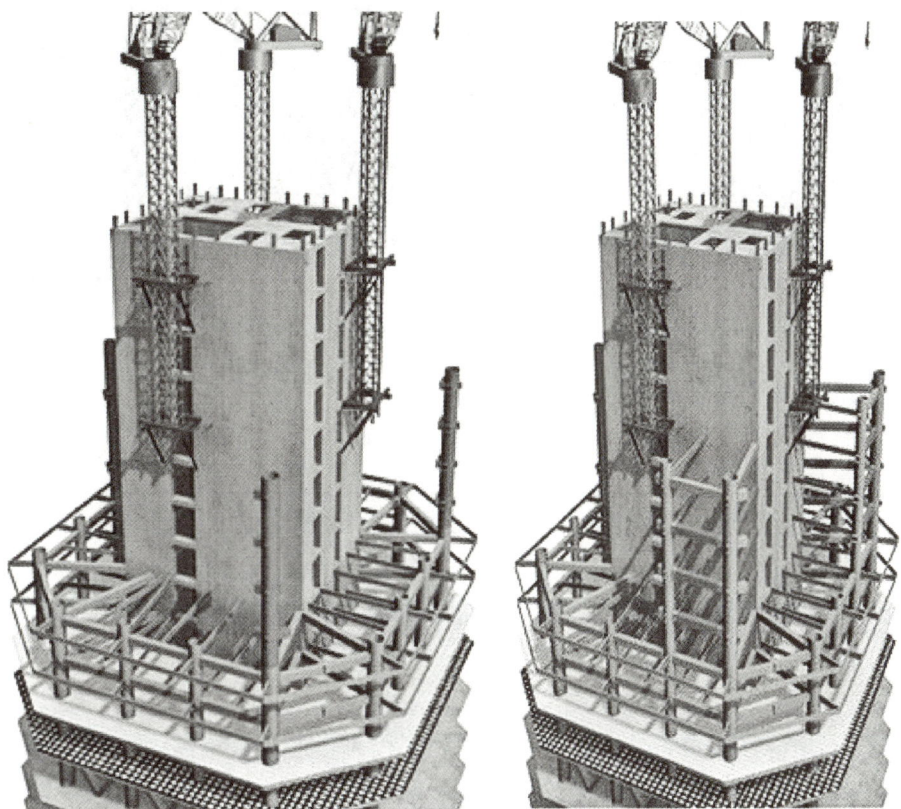

图 3-10　钢框架－现浇混凝土核心筒结构示意图

3.1.2 装配式混凝土结构建筑围护体系

围护体系是指构成建筑空间的围挡物，如门、窗、墙、楼板等，能够有效抵御不利环境的影响，分为透明和不透明两部分，不透明围护结构有墙、屋顶、楼板等，透明围护结构有窗户、天窗和阳台门等。

装配整体式混凝土结构常用的预制围护构件有预制混凝土剪力墙外墙板、预制混凝土剪力墙内墙板、预制混凝土钢筋桁架叠合楼板、预应力带肋混凝土叠合楼板、预制混凝土楼梯板、预制混凝土阳台板等，这些主要受力构件通常在工厂预制加工完成，待强度达到规定要求后，再进行现场装配施工。

1. 预制混凝土剪力墙墙板

预制混凝土剪力墙外墙板目前都做成夹心保温外墙板，由三部分组成，内叶板为预制混凝土剪力墙、中间夹有保温层、外叶板为钢筋混凝土保护层，俗称"三明治"夹心外墙板。内叶板侧面在施工现场通过预留钢筋与现浇剪力墙边缘构件连接，底部通过钢筋灌浆套筒与下层预制剪力墙预留钢筋相连。预制混凝土剪力墙内墙板没有保温层，其构造要求同外墙板内叶板基本相同，如图 3-11～图 3-16 所示。

图 3-11　预制混凝土剪力墙内外墙板示意图

2. 预制混凝土叠合楼板

预制混凝土叠合楼板最常见的主要有两种，一种是预制混凝土钢筋桁架叠合楼板，另一种是预应力带肋混凝土叠合楼板。预制混凝土钢筋桁架叠合楼板如图 3-17 所示，下半部分为预制混凝土板，外露部分为桁架钢筋，桁架钢筋的主要作用是将后浇筑的混凝土层与预制底板形成整体，并在制作和安装过程中提供刚度。预制混凝土叠合楼板的预制部分厚度一般为 60mm，叠合楼板在工地安装到位后进行二次浇筑，从而形成整体实心楼板。

预应力带肋混凝土叠合楼板，简称 PK 板，如图 3-18 所示。PK 板具有以下优点：① 是国际上最薄、最轻的叠合板之一，预制底板 3cm 厚，自重约为 1.1kN/m；② 由于采用 1860 级高强度预应力钢丝，因此其用钢量最省，比其他叠合板用钢量节省 60%；③ 它的破坏性试验承载力可高达 1100kN/m，所以其承载能力最强；④ 抗裂性能好,由于采用了预应力,极大提高了混凝土的抗裂性能;⑤新老混凝土接合好,由于采用了 T 形肋,新老混凝土互相咬合,新混凝土流到孔中产生销栓作用;⑥可形成双向板,在侧孔中横穿钢筋后,避免了传统叠合板只能是单向板的弊端,且预埋管线方便。

图 3-12 "三明治"夹心复合保温外墙板构造示意图

(a) (b)

图 3-13 预制墙板中预埋灌浆套筒及预留孔

(a)预埋灌浆套筒;(b)成品

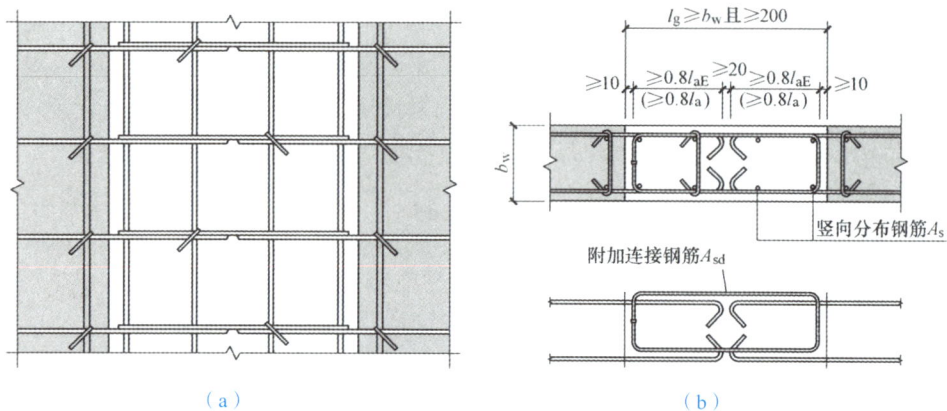

（a）　　　　　　　　　　　　　　　　　（b）

图 3-14　预制墙间的竖向接缝构造（附加封闭连接钢筋与预留弯钩钢筋连接）

（a）立面图；（b）平面图

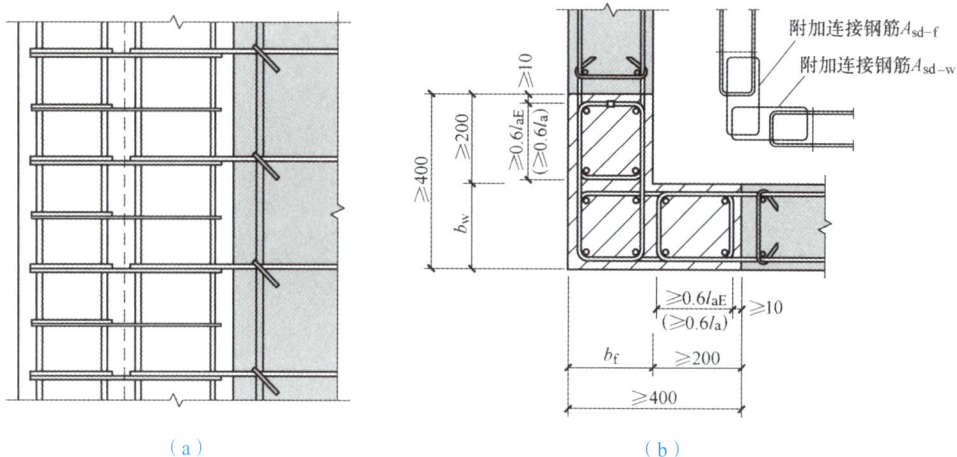

（a）　　　　　　　　　　　　　　　　　（b）

图 3-15　预制墙在转角墙处的竖向接缝构造（构造边缘转角墙）

（a）立面图；（b）平面图

（a）　　　　　　　　　　　　　　　　　（b）

图 3-16　安装完成后等待后浇混凝土的预制墙板

（a）立体示意图；（b）待浇节点详图

近年来，由于预应力带肋混凝土叠合楼板混凝土肋工厂施工麻烦，经过优化升级，研发了预应力混凝土钢管桁架叠合楼板，钢管桁架与钢筋桁架相似，可进行批量化工业生产，大大节省了人工，降低了生产成本。预应力混凝土钢管桁架叠合板如图 3-19 所示。

3. 预制混凝土楼梯板

工厂预制的混凝土楼梯外观美观，避免了现场支模，减少了现场作业，从而节约了工期，预制简支楼梯受力明确，抗震好，安装后亦可作为施工通道，解决垂直运输问题，保证了逃生通道的安全，如图 3-20 所示。

4. 预制混凝土阳台板

预制混凝土阳台板能够克服现浇阳台支模复杂，现场高空作业费时、费力以及高空作业时的施工安全等问题，如图 3-21 所示。

图 3-17   预制混凝土钢筋桁架叠合楼板

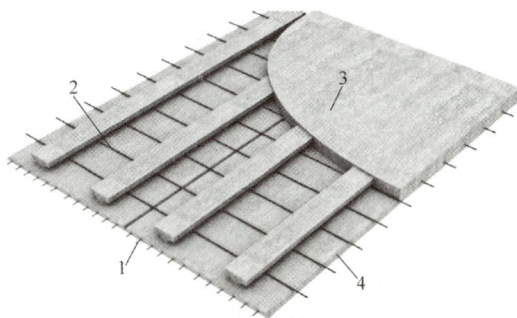

图 3-18   预应力带肋混凝土叠合楼板

1—纵向预应力钢筋；2—横向穿孔钢筋；3—后浇层；4—PK 叠合板的预制底板

图 3-19　预应力混凝土钢管桁架叠合楼板

图 3-20　预制混凝土楼梯板

图 3-21　预制混凝土阳台板

3.2　装配式混凝土结构建筑主要标准与规范

近几年来，随着工业化和城镇化进程的加快、劳动力成本的不断增长，我国在装配式建筑领域的研究与应用不断升温，地方政府积极推进、相关企业积极响应，积极开展相关技术的研究与应用，形成了良好的发展态势。特别是为了满足装配式建筑应用的需求，编制和修订了国家标准《装配式混凝土建筑技术标准》《装配式建筑评价标准》《混凝土结构工程施工质量验收规范》等；行业标准《装配式混凝土结构技术规程》《钢筋套筒灌浆连接应用技术规程》等；产品标准《钢筋连接用灌浆套筒》《钢筋连接用套筒灌浆料》等。

3.2.1　装配式混凝土结构建筑设计标准与规范

目前与装配式混凝土结构建筑相关的部分现行设计标准与规范见表3-1。部分技术标准或技术规范中既有设计部分内容，又有施工或验收部分内容，如《装配式混凝土建筑技术标准》《装配式混凝土结构技术规程》等标准规范，在表3-1和表3-2中未重复列出。

装配式混凝土结构建筑相关设计标准与规范　表3-1

序号	标准／规范名称	标准／规范编号
1	建筑模数协调标准	GB/T 50002—2013
2	装配式住宅建筑设计标准	JGJ/T 398—2017
3	厂房建筑模数协调标准	GB/T 50006—2010
4	房屋建筑制图统一标准	GB/T 50001—2017
5	装配式混凝土建筑技术标准	GB/T 51231—2016
6	组合结构设计规范	JGJ 138—2016
7	混凝土结构设计规范	GB 50010—2010（2015年版）
8	建筑设计防火规范	GB 50016—2014（2018年版）
9	装配式建筑评价标准	GB/T 51129—2017
10	建筑结构荷载规范	GB 50009—2012
11	高耸结构设计标准	GB 50135—2019
12	矩形钢管混凝土结构设计规程	CECS 159—2004
13	建筑抗震设计规范	GB 50011—2010（2016年版）
14	混凝土升板结构技术标准	GB/T 50130—2018
15	预应力混凝土空心板	GB/T 14040—2007
16	装配式混凝土框架节点与连接设计标准	T/CECS 43—2021
17	预制混凝土剪力墙外墙板	15G365-1
18	预制混凝土剪力墙内墙板	15G365-2
19	桁架钢筋混凝土叠合板（60mm厚底板）	15G366-1
20	预制钢筋混凝土板式楼梯	15G367-1
21	预制钢筋混凝土阳台板、空调板及女儿墙	15G368-1
22	装配式混凝土结构连接节点构造	15G310-1～2
23	装配式混凝土结构表示方法及示例（剪力墙结构）	15G107-1
24	装配式混凝土结构住宅建筑设计示例（剪力墙结构）	15J939-1
25	混凝土结构通用规范	GB 55008—2021
26	工程结构通用规范	GB 55001—2021

3.2.2 装配式混凝土结构建筑施工验收标准与规范

目前与装配式混凝土结构建筑相关的部分现行施工验收标准与规范见表3-2。

装配式混凝土结构建筑相关施工验收标准与规范　　表3-2

序号	标准／规范名称	标准／规范编号
1	混凝土结构工程施工规范	GB 50666—2011
2	混凝土结构工程施工质量验收规范	GB 50204—2015
3	装配式混凝土结构技术规程	JGJ 1—2014
4	建筑工程施工质量验收统一标准	GB 50300—2013
5	钢管混凝土结构技术规程	CECS 28—2012
6	高层建筑混凝土结构技术规程	JGJ 3—2010
7	预制预应力混凝土装配整体式框架结构技术规程	JGJ 224—2010
8	预制带肋底板混凝土叠合楼板技术规程	JGJ/T 258—2011
9	钢筋套筒灌浆连接应用技术规程	JGJ 355—2015
10	钢筋连接用灌浆套筒	JG/T 398—2019
11	钢筋连接用套筒灌浆料	JG/T 408—2019
12	整体预应力装配式板柱结构技术规程	CECS 52—2010
13	钢管混凝土叠合柱结构技术规程	T/CECS 188—2019

3.3　装配式混凝土结构建筑典型案例

3.3.1　工程概况

混凝土结构典型案例图集锦

项目名称：××公租房项目

项目地点：××市××区××镇

建设单位：××建设投资有限公司

项目管理：××项目管理有限公司

设计单位：××建筑规划设计研究院装配式建筑设计分院

监理单位：××建设监理有限公司

施工单位：××股份有限公司

构件供应商：××房屋制造有限公司

项目功能：居住

××公租房项目分为东西两个地块，均采用装配整体式剪力墙结构，均为地上18层，地下2层，第1层和第2层为底部加强区，采用现浇；第3～18层为装配层，层高 2.9m。建筑高度为 52.65m，总建筑面积约 9.3 万 m²，地上建筑面积约 7.8 万 m²，如图 3-22 所示。

图 3-22　××公租房项目效果图

3.3.2　设计特点

　　××公租房项目单体工程的预制率为 69%，部品装配率除预制叠合楼板为 75% 外，其余各部品均达到 80% 以上。针对本项目，根据装配整体式混凝土建筑要求进行了前期技术策划、方案设计、初步设计、施工图设计、构件深化设计以及室内装修设计等；建筑设计方面进行了标准化、定型化设计，结构设计方面进行了构件、节点的设计；建筑室内外装修设计与建筑、结构设计同步进行，并与预制构件深化设计紧密联系，同时设计各种预埋件、连接件以及预留孔洞等。

　　1. 预制构件方面。项目中使用了预制外承重墙板、非承重的预制外墙板、内承重墙板、预制内墙隔板、预制叠合楼板、预制楼梯、预制阳台板、预制空调板、预制梁等预制构件。其中预制外承重墙板、内承重墙板、预制梁在单体建筑中重复使用量最多的三个规格构件的总个数占同类构件总个数的比例约为 59%；预制叠合楼板在单体建筑中重复使用量最多的三个规格构件的总个数占预制楼板总数的比例约为 70%；该项目 3～18 层均采用同一种预制楼梯，占楼梯总个数的比例为 80%；预制阳台板在单体建筑中重复使用量最多的一个规格构件的总个数占阳台板总数的比例为 75%。

　　2. 保温外墙板方面。本项目外围护系统主要由预制混凝土夹心保温外墙板组成，采用预制结构墙板、保温一体化外围护系统。预制夹心保温墙板是由内外叶混凝土层和内置的保温层通过连接件组合而成，具有围护、保温、隔热、隔声等功能，防火性能好。保温层采用 XPS 挤塑板，导热系数 0.030W/(m·K)，体积比吸水率不大于 0.3%，燃烧性能不低于 B2 级，具有光滑的表面，有利于外叶墙板滑动避免约束，从而避免开裂。保温连接件由玻璃纤维增强复合材料制成，该产品具有导热系数低，抗拉和抗剪强度高、抗弯承载能力强、弹性和韧性好的特点，使用时所有的连接件平行穿过保温板，两端分别锚固在内叶墙和外叶墙混凝土之中，如图 3-23、图 3-24 所示。

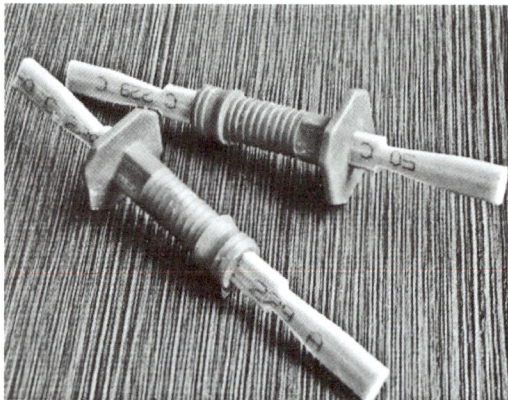

图 3-23　保温连接件

图 3-24　预制混凝土夹心保温墙板构造

3. 室内装修集成技术和机电设备集成技术方面。在建筑设计之初，建筑室内外装修设计与建筑、结构设计同步进行，建筑室内装修与建筑结构、机电设备一体化设计，并与预制构件深化设计紧密联系，在诸如管井等公共区域采用管线与结构局部分离等系统集成技术，机电设备管线系统集中布置，管线及点位在工厂预留、预埋到位。

4. 预制构件深化设计方面。结合前期技术策划、方案设计、初步设计及施工图设计特点和要求进行深化设计，形成了主要包括：设计说明、成品清单、连接节点详图、构件加工详图、构件安装详图、预埋件详图等一系列完整的构件深化图；深化图中各种预埋件、连接件设计准确、清晰、合理，并完成了预制构件在短暂设计状况下的设计验算，满足工厂生产、施工装配等相关环节承接工序的技术和安全要求；构件设计时充分考虑构件生产及装配施工需求，与构件生产工厂建立协同工作机制，使构件设计与构件生产工艺良好结合；并与施工企业建立协同工作机制，使项目设计与施工组织紧密结合。

5. 一体化装修方面。××公租房项目所有住宅楼均为简单装修，装修方案及设计深度满足了必要的施工要求。装修设计与主体结构、机电设备设计有效结合，并建立协同工作机制。室内装修设计采用标准化、模数化设计；所需构件、部品与主体结构之间的尺寸匹配、协调，提前预留、预埋接口，易于装修工程的装配化施工，基本保证现场无二次加工。

6. BIM 技术应用方面。本项目从方案设计、施工图设计以及构件图设计三层面采用 BIM 技术。在方案设计层面，应用 BIM 技术进行项目总体分析、性能分析以及方案优化等；在施工图设计层面，应用 BIM 技术进行专业协同、管线综合、信息模型制作、施工图信息表达等设计；在构件图设计层面，应用 BIM 技术进行连接节点设计、钢筋碰撞检查、构件信息模型，完成构件图信息表达等构件深化设计，如图 3-25 所示。

3.3.3　施工特点

为推进装配式建筑适应新型建筑工业化的发展要求，结合本项目特点，按工业化建造方式编制了施工组织设计，满足了建筑设计、生产运输、装配施工等环节的协调配合与组织管理要求。构件在生产过程中，通过在预制构件内埋置芯片、表面粘贴二维码等物联网的应用建立构件识别系统，具有出厂质量合格报告、进场验收记录，构件质量符合《混凝土结构设计规范》GB 50010—2010（2015年版）、《装配式混凝土结构技术规程》JGJ 1—2014、《装配整体式混凝土结构工程预制构件制作与验收规程》DB37/T 5020—2014等有关标准要求，构件生产如图3-26～图3-28所示。

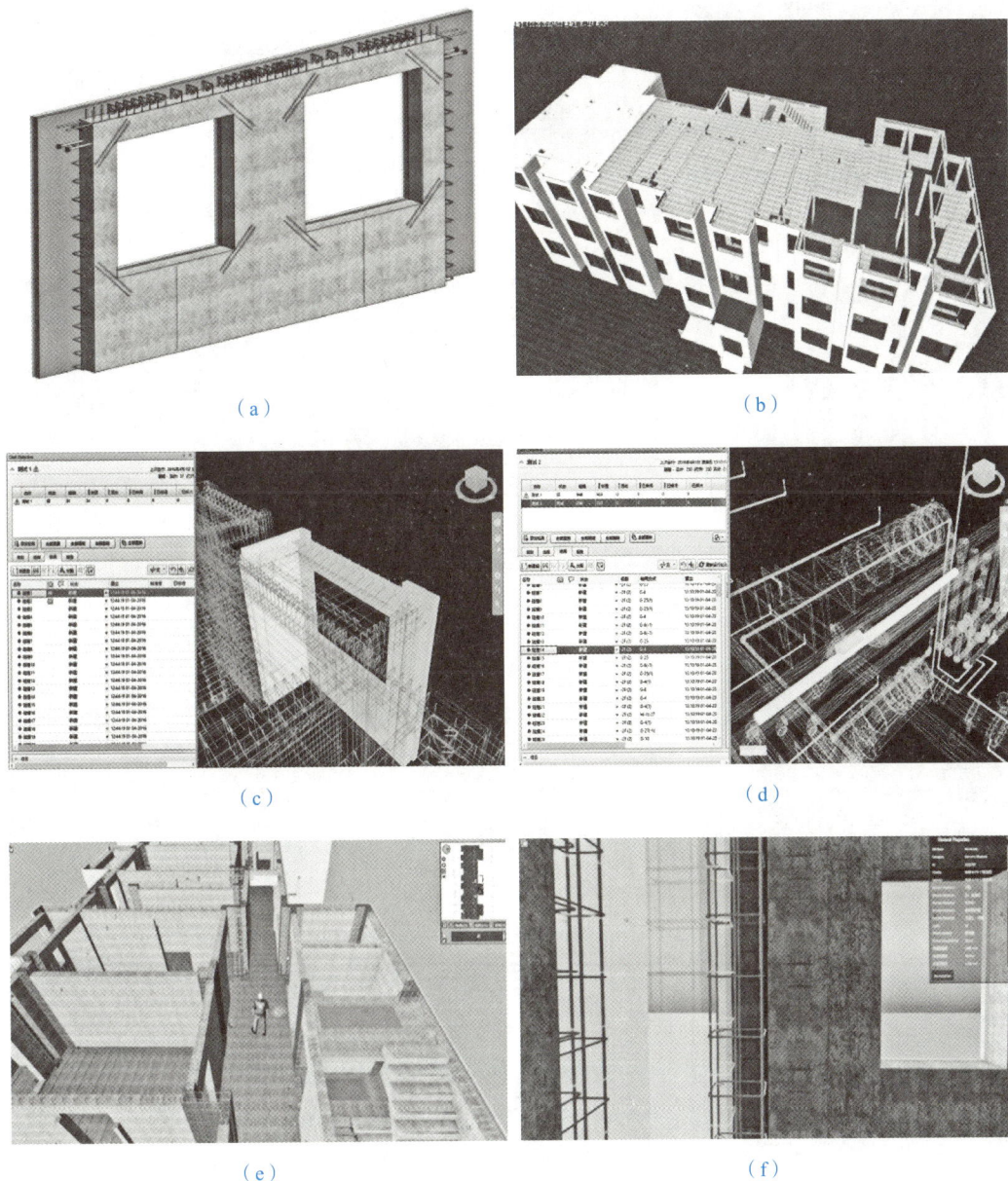

（a）

（b）

（c）

（d）

（e）

（f）

图 3-25　BIM 技术应用示意图

（a）外墙板模型；（b）施工模拟；（c）钢筋碰撞检查；（d）管线碰撞检查；
（e）三维漫游检查；（f）构件信息查看

（a）　　　　　　　　　（b）　　　　　　　　　（c）

（d）　　　　　　　　　（e）　　　　　　　　　（f）

（g）　　　　　　　　　（h）　　　　　　　　　（i）

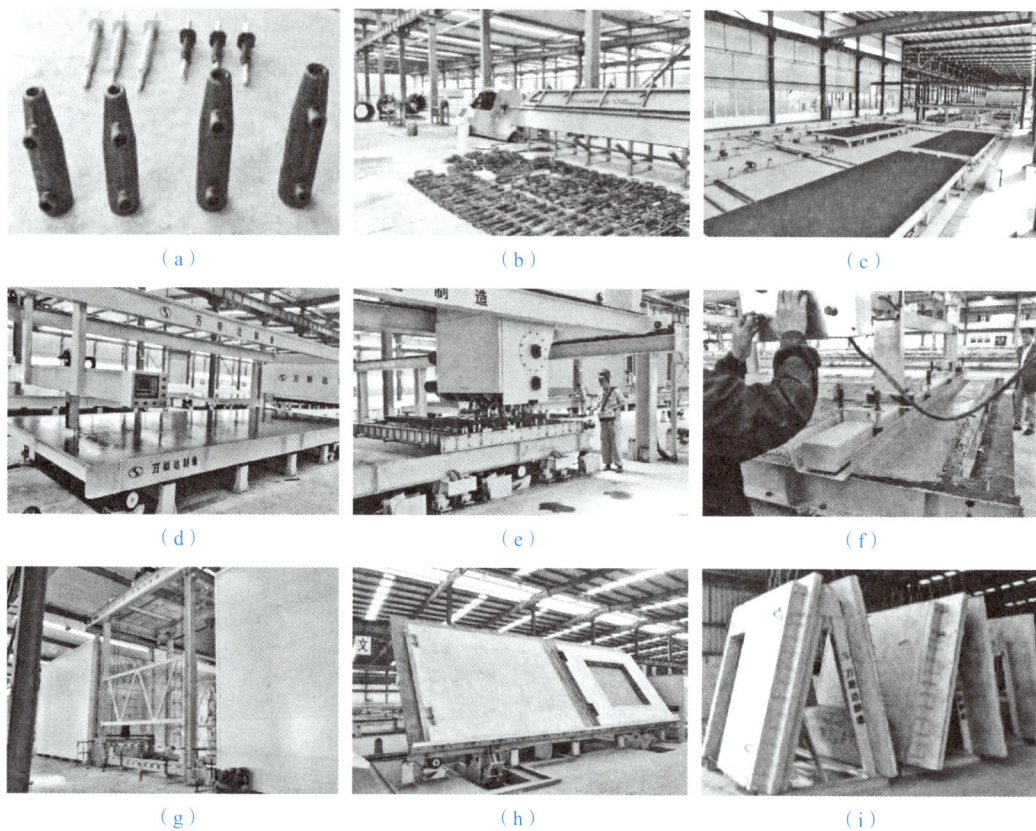

图 3-26　预制夹心保温墙板生产设备示意图

（a）套筒及保温连接件；（b）钢筋加工；（c）生产线；（d）画线机；（e）布料机；
（f）赶平机；（g）蒸养库；（h）翻转机；（i）墙板存放

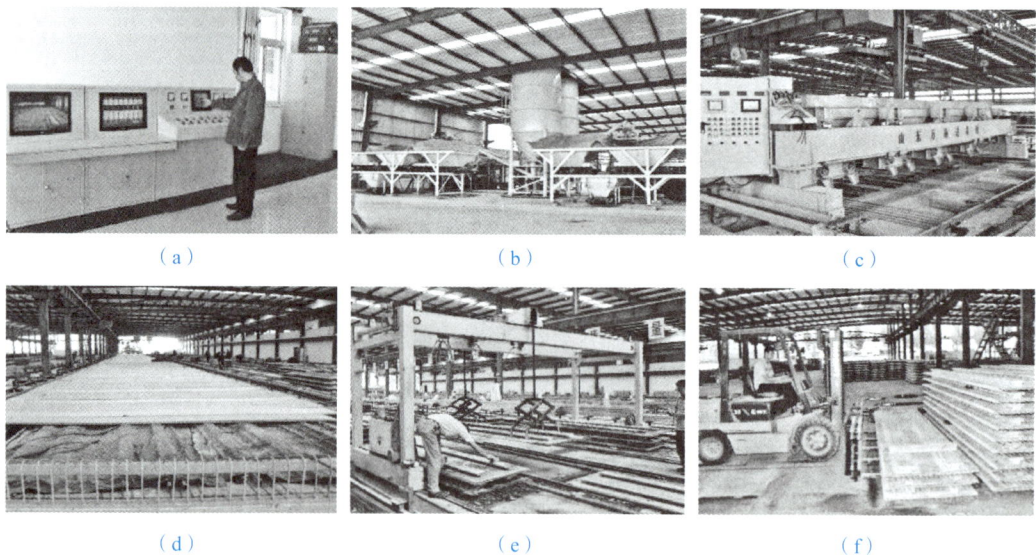

（a）　　　　　　　　　（b）　　　　　　　　　（c）

（d）　　　　　　　　　（e）　　　　　　　　　（f）

图 3-27　预制混凝土叠合板生产示意图

（a）控制台；（b）搅拌站；（c）布料机；（d）养护；（e）起板；（f）厂内存放

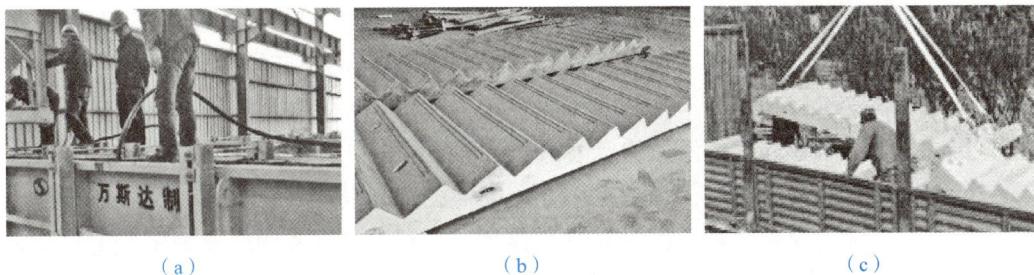

图 3-28　预制楼梯生产示意图
（a）浇筑混凝土；（b）成品；（c）运输

该项目具有合理的运输组织方案，内容包括运输时间、次序、运输线路、固定要求、堆放支垫及成品保护措施，且减少二次倒运和现场堆放。预制构件运输时绑扎牢固，防止移动或倾斜，搬运托架、车厢板和预制混凝土构件间放入柔性材料，预制构件边角或者锁链接触部位的混凝土采用柔性垫衬材料保护；运输细长、异形等预制构件时，行车要平稳，并采取临时固定措施。预制构件的存放场地为混凝土硬化地面，满足平整度和地基承载力的要求，并有排水措施，堆放预制构件时构件与地面之间有一定的空隙。预制楼板、阳台板、楼梯平放，吊环向上，标识向外，堆垛高度根据预制构件与垫板木的承载能力、堆垛的稳定性及地基承载力验算确定；各层垫木的位置在一条垂直线上。外墙板、内墙板采用托架对称立放，其倾斜角要保持大于 80°，相邻预制构件间用柔性垫层分隔开。梁等细长预制构件平放且使用垫木支撑，以避免碰撞损坏，尺寸较大、形状特殊的大型预制构件存放时采取加固措施。构件运输进场留有交接验收记录，如图 3-29、图 3-30 所示。

图 3-29　预制混凝土叠合板运输

图 3-30　预制混凝土墙板运输

该项目编制了构件安装专项技术方案，内容包括构件成品保护、存放、翻转、起吊、定位、稳固、连接等技术措施和质量、安全控制措施。采用钢筋灌浆套筒连接，该连接简便、安全可靠、经济适用。接点外露部分采取可靠的防腐蚀措施，符合《工业建筑防腐蚀设计标准》GB/T 50046—2018 的相关规定；构件连接技术符合《钢筋机械连接技术规程》JGJ 107—2016、《装配式混凝土结构技术规程》JGJ 1—2014 等现行有关标准规定。外墙、内墙、顶板均为工厂化生产，表面平整度高，基本实现无抹灰。预制墙体采用可调节斜撑杆进行支撑、叠合板两端部位设置临时可调节支撑杆。预制墙体采用的斜支撑杆和叠合板采用的支撑杆均为工具式、定型化的安全支撑，可重复使用30次以上。预制构件中所用的成型钢筋、钢筋网片、钢筋桁架等由工厂加工制作。该项目对构件、灌浆料进行了强度检测并形成强度检测报告，主要材料及配件具有质量证明文件、进场验收记录；施工时留有齐全、翔实、可靠的构件安装施工记录、钢筋连接施工检验记录。该项目主体工程大体施工流程如图3-31所示。

（a）　　　　　（b）　　　　　（c）
（d）　　　　　（e）　　　　　（f）
（g）　　　　　（h）　　　　　（i）
（j）　　　　　（k）　　　　　（l）

图3-31　××公租房项目施工流程（一）

（a）现场墙板存放；（b）墙板吊装；（c）安装斜撑；（d）调整垂直度；（e）搅拌灌浆料；
（f）套筒灌浆；（g）绑扎剪力墙钢筋；（h）支设边缘构件模板；（i）搭设PK板支撑；（j）吊装PK板；
（k）绑扎楼面钢筋；（l）浇筑混凝土

（m） （n） （o）

图 3-31 ××公租房项目施工流程（二）

（m）混凝土养护；（n）吊装预制楼梯；（o）外立面效果

习　　题

1. 简述装配式混凝土结构包括哪几种。

2. 简述装配式混凝土结构建筑技术体系包括的内容。

3. 简述装配整体式混凝土框架结构体系包括的内容。

4. 简述装配式剪力墙结构体系分类。

5. 简述装配整体式混凝土剪力墙结构技术特点。

6. 简述装配整体式混凝土剪力墙结构概念。

7. 简述套筒灌浆连接技术、螺旋箍筋约束浆锚搭接连接技术和金属波纹管浆锚搭接连接技术要点。

8. 简述装配整体式混凝土框架－剪力墙结构体系、装配整体式混凝土框架－现浇剪力墙结构体系、装配整体式混凝土框架－现浇核心筒结构体系内容。

9. 简述装配整体式混凝土结构常用的预制围护构件包括哪些内容。

教学单元 4

装配式钢结构建筑

【教学目标】通过本部分学习，掌握多高层钢结构建筑常见的结构体系种类（包括钢框架结构体系、钢框架－支撑结构体系、钢框架－剪力墙结构体系、钢框架－核心筒结构体系以及交错桁架结构体系）及其基本概念和特点；掌握装配式钢结构建筑围护体系种类（包括预制混凝土外围护墙板、预制内隔墙板以及楼板和屋面板）及其基本概念和特点；掌握装配式钢结构建筑设计标准与规范、装配式钢结构建筑施工验收标准与规范的种类。

【课程思政】沪通长江大桥建设过程中，科研人员通过科技攻关研制出第一批高强度桥梁结构钢，同时采用了一系列具有世界先进水平的新结构、新设备和新工艺。通用剖析案例，激发学生热爱科学、崇尚科学的热情，培养学生勤奋踏实、刻苦钻研的科学精神。

4.1　装配式钢结构建筑技术体系

　　装配式钢结构建筑主要承重构件由型钢和钢板等钢材通过焊接、螺栓连接或铆接而制成。由于其自重较轻且施工简便，因此广泛应用于工业建筑、公共建筑、商业建筑和住宅建筑等领域。装配式钢结构建筑的常见结构形式种类繁多，主要有多高层钢结构、门式钢架结构、空间桁架结构、网架结构、张弦梁结构、膜结构以及弦支穹顶结构等，如图 4-1 所示。装配式钢结构建筑技术体系一般包括结构体系、围护体系、内装体系及设备管线体系，其中围护体系又分为外墙、内隔墙及楼板结构等，本部分主要介绍结构体系和围护体系。

钢结构种类图集锦

（a）　　　　　　　　　　　　　　　　（b）

（c）　　　　　　　　　　　　　　　　（d）

图 4-1　装配式钢结构种类示意图（一）

（a）多高层钢结构；（b）门式钢架结构；（c）空间桁架结构；（d）网架结构

（e）　　　　　　　　　　　　　　　　　　　（f）

（g）

图4-1　装配式钢结构种类示意图（二）

（e）张弦梁结构；（f）膜结构；（g）弦支穹顶结构

4.1.1　装配式钢结构建筑结构体系

钢结构体系图集锦

　　装配式钢结构建筑种类繁多，结构体系特点也相差较大，下面主要以多高层钢结构为例介绍其结构体系特点。多高层钢结构建筑常见的结构体系主要包括钢框架结构体系、钢框架－支撑结构体系、钢框架－剪力墙结构体系、钢框架－核心筒结构体系以及交错桁架结构体系等。不同的结构体系有不同的适用范围，虽然有些结构体系应用范围较广，但通常会受到经济等因素的限制。

1. 钢框架结构体系

　　钢框架结构体系是指沿房屋的纵向和横向用钢梁和钢柱组成的框架结构来作为承重和抵抗侧力的结构体系。钢框架结构体系受力特点与混凝土框架结构体系相同，竖向承载体系与水平承载体系均由钢构件组成。其优点是能够提供较大的内部空间，建筑平面布置灵活，适用多种类型的使用能力；自重轻，抗震性能好，施工速度快，机械化程度高；结构简单，构件易于标准化和定型化。其缺点是用钢量稍大，耐火性差，后期维修费用高，造价要略高于混凝土框架结构，如图 4-2 所示。

图 4-2　钢框架结构体系示意图

2. 钢框架－支撑结构体系

在钢框架结构体系中设置支撑构件以加强结构的抗侧移刚度，形成钢框架－支撑结构体系。支撑形式分为中心支撑和偏心支撑，中心支撑根据斜杆的布置形式可分为十字交叉（或双向）斜杆、单斜杆、人字形斜杆、K 形斜杆体系。钢框架－支撑结构体系由于较好地协调了框架和支撑的受力性能，具有良好的抗震性能和较大的抗侧刚度，在高层钢结构建筑中较为常用。

与钢框架结构体系相比，框架－中心支撑体系在弹性变形阶段具有较大的刚度，但在水平地震作用下，中心支撑容易产生侧向屈曲，如图 4-3 所示；框架－偏心支撑体系中每一根支撑斜杆的两端，至少有一端与梁相交（不在柱节点处），另一端可在梁与柱交点处进行连接或偏离另一根支撑斜杆一段长度与梁连接，并在支撑斜杆杆端与柱子之间构成一耗能梁段或在两根支撑斜杆的杆端之间构成一耗能梁段，如图 4-4 所示。

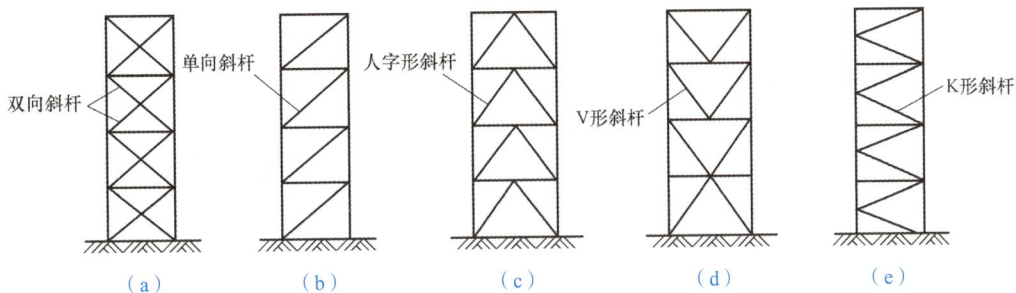

图 4-3　钢框架－中心支撑体系

095

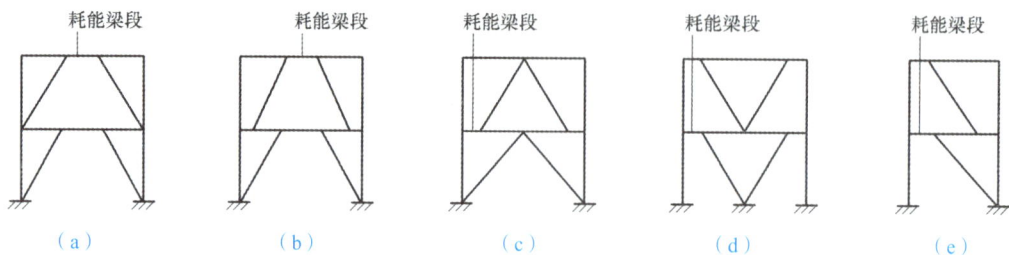

图 4-4　钢框架-偏心支撑体系

3. 钢框架-剪力墙结构体系

钢框架-剪力墙结构基本的组成构件为钢柱、钢梁、剪力墙、混凝土板等，一般情况下，楼板采用叠合楼板，如图 4-5 所示。钢框架-剪力墙结构体系可细分为钢框架-混凝土剪力墙结构体系、钢框架-带竖缝混凝土剪力墙结构体系、钢框架-钢板剪力墙结构体系及钢框架-带缝钢板剪力墙结构体系。钢框架-混凝土剪力墙结构体系常在楼梯间或其他适当部位（如分户墙）采用现浇钢筋混凝土剪力墙作为结构主要抗侧力体系，由于钢筋混凝土剪力墙抗侧移刚度较强，可以减少钢柱的截面尺寸，降低用钢量，并能够在一定程度上解决钢结构建筑室内空间的露梁露柱问题。其优点是钢材的强度高、重量轻、施工速度快和混凝土的抗压强度高、防火性能好及抗侧刚度大；缺点是现场安装比较困难，制作比较复杂。

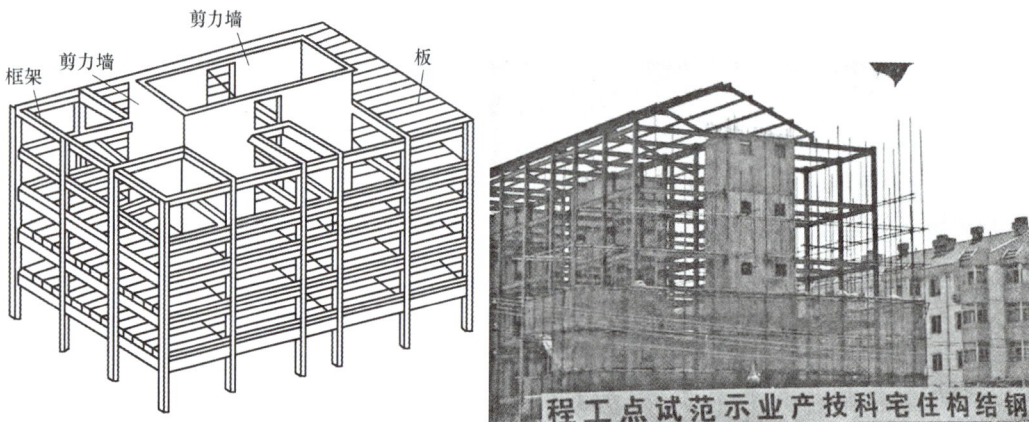

图 4-5　钢框架-剪力墙结构体系示意图

4. 钢框架-核心筒结构体系

钢框架-核心筒结构体系是由外侧的钢框架和混凝土核心筒构成（图 4-6）。钢框架与核心筒之间的跨度一般为 8~12m，并采用两端铰接的钢梁，或一端与钢框架柱刚接相连、另一端与核心筒铰接相连的钢梁。核心筒的内部应尽可能布置电梯间、楼梯间等公用设施用房，以扩大核心筒的平面尺寸，减小核心筒的高宽比，增大核心筒的侧向刚度。其主要优点是侧向刚度大于钢框架结构，结构造价介于钢结构和钢筋混凝土结构之间，施工速度比钢筋混凝土结构有所加快。

（a）　　　　　　　　　　　　　　　　　　（b）

（c）　　　　　　　　　　　　　　　（d）

图 4-6　钢框架－核心筒结构体系示意图

5. 交错桁架结构体系

　　交错桁架结构体系的基本组成构件包括柱、钢桁架梁和楼面板等，主要适用于15～20层住宅。交错桁架结构体系是由高度为层高、跨度为建筑全宽的桁架，两端支承在房屋外围纵列钢柱上，所组成的框架承重结构不设中间柱，在房屋横向的每列柱的轴线上，这些桁架隔一层设置一个，而在相邻柱轴线则交错布置。在相邻桁架间，楼板的一端支承在相邻桁架的下弦杆。垂直荷载由楼板传到桁架的上下弦，再传到外围的柱子，如图 4-7 所示。该体系利用柱子、平面桁架和楼面板组成空间抗侧力体系，具有住宅布置灵活、楼板跨度小、结构自重轻的优点。

图 4-7　交错桁架结构体系示意图

4.1.2　装配式钢结构建筑围护体系

围护结构是指构成建筑空间，抵御环境不利影响的构件（也包括某些配件）。根据在建筑物中的位置，围护结构分为外围护结构和内围护结构。外围护结构包括外墙、屋顶、外窗、外门等，用以抵御风雨、温度变化、太阳辐射等，应具有保温、隔热、隔声、防水、防潮、耐火、耐久等性能。内围护结构如隔墙、楼板和内门窗等，起分隔室内空间作用，应具有隔声、隔视线以及某些特殊要求的性能。围护结构通常是指外墙、内墙、楼板和屋面板等围护结构。

1. 围护墙体

为了减轻结构自重，充分发挥钢结构的优势，围护墙体宜采用轻质复合材料制作。预制混凝土外围护墙板是指预制商品混凝土外墙构件，预制混凝土叠合（夹心）墙板、预制混凝土夹心保温外墙板和预制混凝土外墙挂板。预制混凝土外围护墙板采用工厂化生产，现场进行安装的施工方法，具有施工周期短、质量可靠（对防止裂缝、渗漏等质量通病十分有效）、节能环保（耗材少，减少扬尘和噪声等）、工业化程度高及劳动力投入量少等优点，在国内外的住宅建筑上得到了广泛运用。根据制作结构不同，预制外墙结构常采用预制混凝土夹心保温外墙板和预制混凝土外墙挂板，如图 4-8 所示。

图 4-8　预制混凝土外墙板示意图

钢结构围护体系图集锦

预制内隔墙板按成型方式分为挤压成型墙板和立（或平）模浇筑成型墙板两种。挤压成型墙板，也称预制条形内墙板，是在预制工厂使用挤压成型机将轻质材料、搅拌均匀的料浆注入模板（模腔）成型的墙板；立（或平）模浇筑成型墙板，也称预制混凝土整体内墙板，是在预制车间按照所需样式使用钢模具拼接成型，浇筑或摊铺混凝土制成的墙体，如图4-9所示。根据受力不同，内墙板使用单种材料或者多种材料加工而成。用聚苯乙烯泡沫板材、聚氨酯泡沫塑料、无机墙体保温隔热材料等轻质材料填充到墙体之中，可以减少混凝土用量，绿色环保，减少室内热量与外界的交换，增强墙体的隔音效果，并通过墙体自重的减轻而降低了运输和吊装的成本。

（a）

（b）

图 4-9　预制内隔墙板示意图

（a）挤压成型空心墙板；（b）预制混凝土整体内墙板

2. 楼板和屋面板

钢结构建筑常采用力学性能较好的轻质现浇、半现浇楼板和屋面板，目前国内钢结构住宅基本采用各类压型钢板组合楼板、钢筋桁架楼承板、混凝土叠合楼板等，如

图 4-10 所示。同时也在开发新型全预制楼板和屋面板，以提高楼板和屋面板的受力、耐火性能及施工的便捷性。

（a）

（b）

图 4-10　楼板和屋面板示意图

（a）桁架钢筋混凝土叠合板；（b）PK 预应力混凝土叠合板

4.2　装配式钢结构建筑主要标准与规范

近年来，我国钢结构工程建筑与应用技术迅猛，极大地促进了钢结构技术标准化工作的推进。据不完全统计，现有与钢结构设计、制造、施工等相关的国家及行业标准、技术规范、规程近 150 项。相关钢结构标准规范基本齐备，基本可以满足现有工程需求。但现有标准、规范仍然需要结合技术进步和各地特点不断完善、补充及修订。结合国外的发展现状及趋势，钢结构产品标准化、通用化已成为主流，这也必将成为我国钢结构行业技术和标准的发展趋势。

4.2.1　装配式钢结构建筑设计标准与规范

目前与装配式钢结构建筑相关的部分现行设计标准与规范见表 4-1。部分技术标准或技术规范中既有设计部分内容，又有施工或验收部分内容，如《装配式钢结构建筑技术标准》《建筑钢结构防火技术规范》等标准规范，在表 4-1 和表 4-2 中未重复列出。

装配式钢结构建筑相关设计标准与规范　　　　　　　表 4-1

序号	标准／规范名称	标准／规范编号
1	钢结构设计标准	GB 50017—2017
2	装配式住宅建筑设计标准	JGJ/T 398—2017
3	建筑钢结构防火技术规范	GB 51249—2017
4	房屋建筑制图统一标准	GB/T 50001—2017
5	装配式钢结构建筑技术标准	GB/T 51232—2016
6	组合结构设计规范	JGJ 138—2016
7	交错桁架钢结构设计规程	JGJ/T 329—2015
8	建筑设计防火规范	GB 50016—2014（2018 年版）
9	钢檩条 钢墙梁	11G521-1～2
10	钢结构施工图参数表示方法制图规则和构造详图	08SG115-1
11	高耸结构设计标准	GB 50135—2019
12	矩形钢管混凝土结构技术规程	CECS 159—2004
13	冷弯薄壁型钢结构技术规范	GB 50018—2002

4.2.2　装配式钢结构建筑施工验收标准与规范

目前与装配式钢结构建筑相关的部分现行施工验收标准与规范见表 4-2。

装配式钢结构建筑相关施工验收标准与规范　　　　　　表 4-2

序号	标准／规范名称	标准／规范编号
1	门式刚架轻型房屋钢构件	JG/T 144—2016
2	门式刚架轻型房屋钢结构技术规范	GB 51022—2015
3	高层民用建筑钢结构技术规程	JGJ 99—2015
4	建筑工程施工质量验收统一标准	GB 50300—2013
5	钢管混凝土结构技术规程	CECS 28—2012
6	钢结构工程施工规范	GB 50755—2012
7	建筑钢结构防腐蚀技术规程	JGJ/T 251—2011
8	钢结构高强度螺栓连接技术规程	JGJ 82—2011
9	钢结构焊接规范	GB 50661—2011
10	轻型钢结构住宅技术规程	JGJ 209—2010
11	铸钢节点应用技术规程	CECS 235—2008
12	建筑用钢结构防腐涂料	JG/T 224—2007
13	钢管混凝土叠合柱结构技术规程	T/CECS 188—2019
14	钢结构工程施工质量验收标准	GB 50205—2020

4.3 装配式钢结构建筑典型案例

4.3.1 工程概况

项目名称：×××学院三号实训楼

项目地点：×××经十东路南侧

建设单位：×××学院

设计单位：×××设计研究院

施工单位：×××集团有限公司

构件供应商：×××集团有限公司

项目功能：公共建筑

×××学院三号实训楼是×××市装配式建筑试点工程，采用钢框架、外挂保温夹心墙板、PK叠合楼板、预制楼梯结构快装体系。该工程总建筑面积约4500m²，地上四层，一、二层为建筑检测中心，三层为装配式建筑一站式体验馆，四层为虚拟现实体验中心。该项目通过×××住房和城乡建设厅、×××市城乡建设委员会-×××省建筑产业现代化示范工程-审核，为×××省首栋全装配式建筑。该工程采用装配整体式钢-混凝土组合框架结构，产业化部品部（构）件有方钢柱、钢梁、PK预应力叠合楼板、预制混凝土楼梯、预制混凝土保温外墙挂板等，如图4-11所示。

图4-11 ×××学院三号实训楼效果图

4.3.2 设计特点

1. 结构体系

为体现装配式建筑的优越性，并结合本工程的功能特点，本试点工程主体结构形式采用目前工业化程度最高且施工技术及经验较成熟的钢框架结构，如图4-12所示。

图 4-12　钢框架结构示意图

钢框架柱采用宽翼缘 HW400×400×13×21（Q345B）的 H 型钢柱，钢梁采用加工制作较为方便的焊接 H 型钢（Q345B），主要钢梁截面包括 H600×240×10×16 等，如二层的钢柱、钢梁规格见表 4-3。梁柱节点采用内隔板式连接方式，保证了 H 型钢柱与钢梁外平齐，方便预制混凝土保温外墙挂板的安装连接，GZ1 第④节点详图如图 4-13 所示。

钢柱、钢梁规格　　　　　　　　　　表 4-3

构件号	构件名称	构件截面尺寸	构件材质
GZ1	钢框架柱	HW400×400×13×21	Q345B
GL1	钢框架梁	H600×240×10×16	Q345B
GL2	钢框架梁	H600×200×10×14	Q345B
GL3	钢框架梁	H400×200×10×12	Q345B
GL4	钢框架梁	H600×240×14×20	Q345B
GL5	钢框架梁	H500×200×10×12	Q345B
GL6	钢框架梁	H300×200×8×12	Q345B

2. 楼盖形式

楼盖采用 PK 预应力混凝土叠合板。PK 预应力混凝土叠合楼板系采用预制预应力混凝土带肋薄板为底板并在板肋预留孔中布置横向穿孔钢筋，再浇筑混凝土叠合层形成的整体叠合楼板。另外，PK 预应力混凝土叠合板的肋中预留洞，便于管道横向穿板，如图 4-14 所示。

PK 预应力混凝土叠合板能满足双向板的受力工况要求，二次浇筑混凝土与 PK 板有很好的咬合能力，保证叠合后楼板整体受力要求，叠合板节点配筋详图如图 4-15 所示。

3. 预制混凝土楼梯

预制混凝土楼梯铰接支座放置在楼梯的上支撑点，滑动支座放置在下支撑点。预制混凝土楼梯容易实现抗震设计时减小楼梯对主体结构刚度的影响，滑动支座实现简便。由于施工过程没有设置临时支撑，易通行，混凝土强度已达标，有利于楼梯的成品保护。设置临时栏杆后，可以作为施工期间的施工通道，如图4-16、图4-17所示。

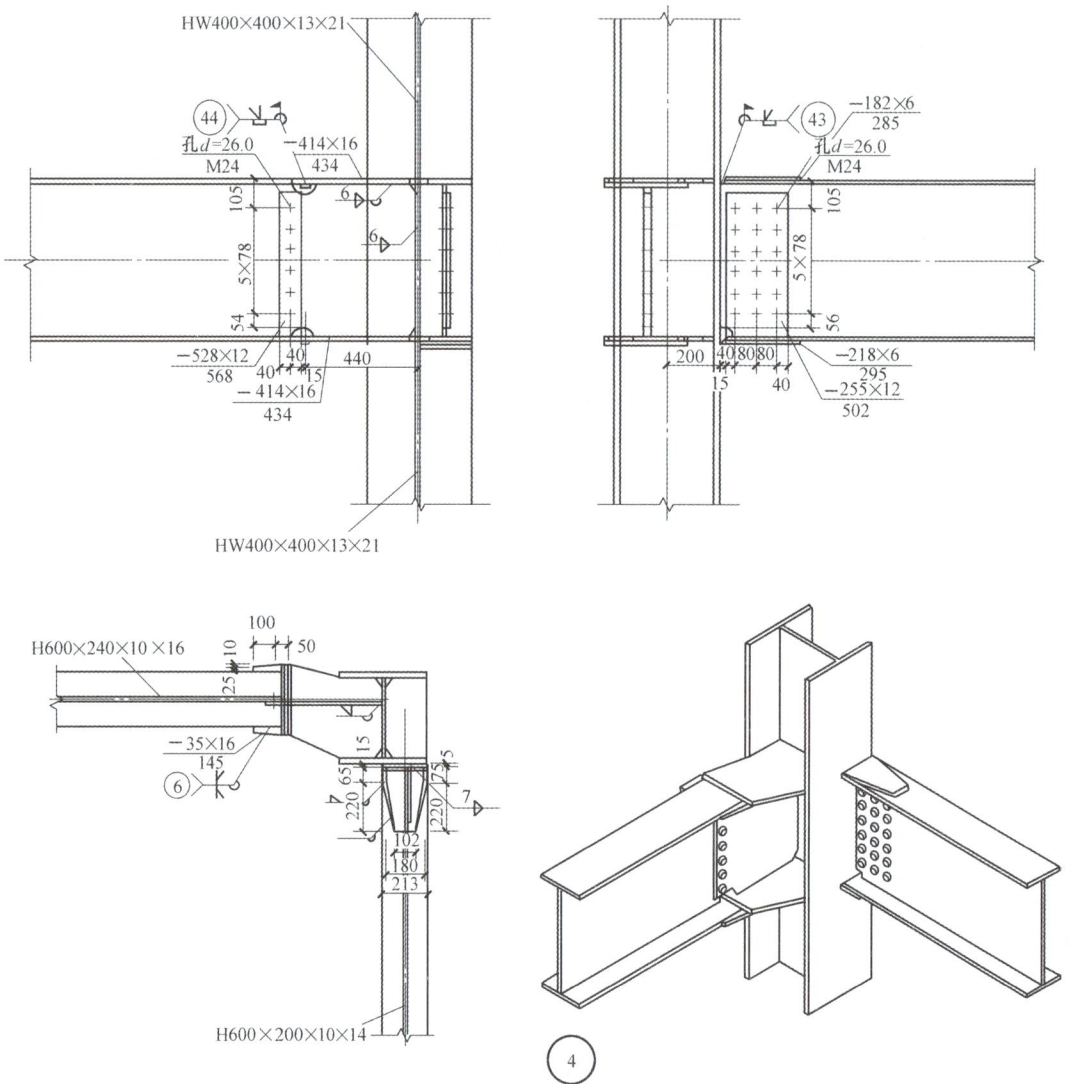

图 4-13　GZ1 第④节点详图

图 4-14　PK 预应力混凝土叠合板

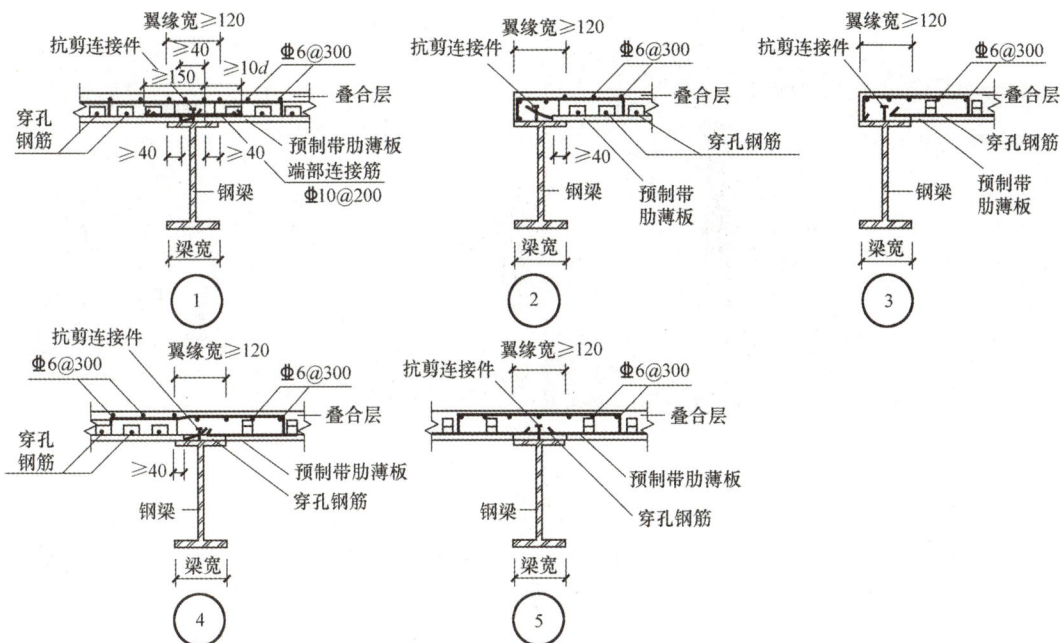

图 4-15　PK 预应力混凝土叠合板节点配筋详图

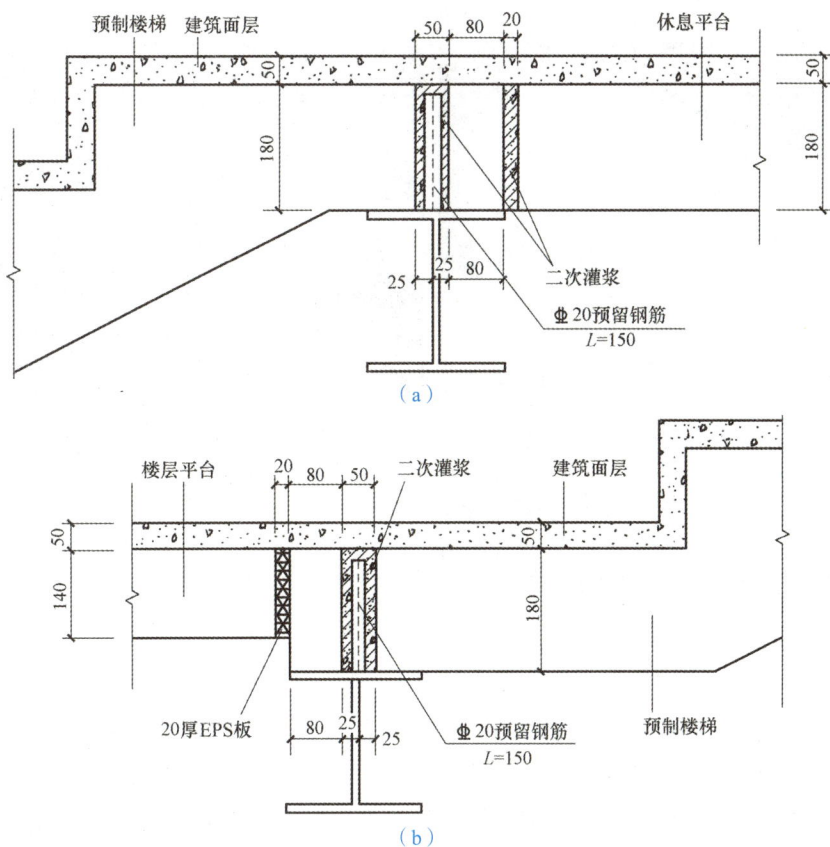

（a）

（b）

图 4-16　楼梯支撑点构造详图

（a）楼梯上支撑点构造详图；（b）楼梯下支撑点构造详图

图 4-17　楼梯施工现场安装示意图

4. 预制混凝土夹心保温外墙挂板

本试点工程采用预制混凝土夹心保温外墙挂板，该墙板是集承重、围护、保温、防水、防火等功能为一体的重要装配式预制构件，由外叶板、保温层和内叶板通过保温断桥连接件连接而成，如图 4-18、图 4-19 所示。外墙装饰板涂料及装饰面可在工厂制作，容易保证质量与立面效果。

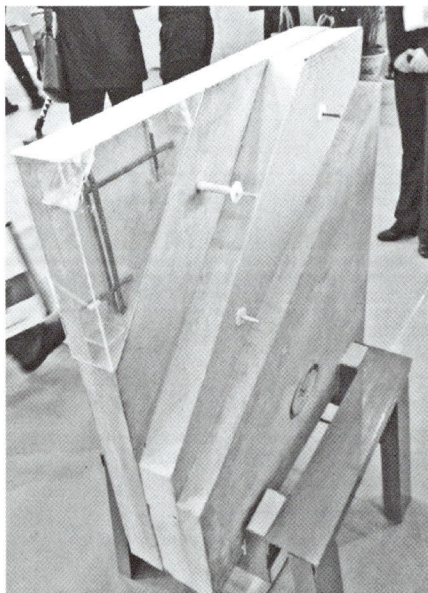

图 4-18　预制混凝土夹心保温外墙挂板　　　图 4-19　保温连接件

为保证外墙与钢结构框架主体柔性连接，底部支撑节点为外墙支撑点，顶部支撑点仅保证外墙平面外稳定性，允许在较大外力作用下平面内有一定的变形能力。预制混凝土夹心保温外墙挂板与主体结构之间设置分离缝，分离缝宽度取 25mm；外墙相互之间的纵向和横向分离缝宽度取 20mm，分离缝应采用压缩性良好的弹性密封材料封堵，如图 4-20、图 4-21 所示。

图 4-20　预制外墙挂板安装示意图

图 4-21　预制外墙挂板支座示意图

4.3.3　构件制作

1. PK 预应力混凝土叠合板基本制作工艺流程：搅拌站内混凝土搅拌—布料机布料—构件养护—起板入库，如图 4-22 所示。

（a）

（b）

（c）

（d）

图 4-22　PK 预应力混凝土叠合板基本制作工艺流程

（a）搅拌站内混凝土搅拌；（b）布料机布料；（c）构件养护；（d）起板入库

2. 预制混凝土夹心保温外墙挂板基本制作工艺流程：搅拌站内混凝土搅拌—布料机布料—赶平—构件蒸养库蒸养—构件翻转—构件存放，如图4-23所示。

（a）

（b）

（c）

（d）

（e）

（f）

图4-23　预制混凝土夹心保温外墙挂板基本制作工艺流程

（a）搅拌站内混凝土搅拌；（b）布料机布料；（c）赶平；（d）构件蒸养库蒸养；（e）构件翻转；（f）构件存放

4.3.4　构件吊装施工

构件吊装施工流程：钢结构施工（钢柱和钢梁）—PK预应力混凝土楼板施工—预制混凝土夹心保温外墙挂板施工—预制混凝土楼梯施工，如图4-24所示。

（a）

（b）

（c）

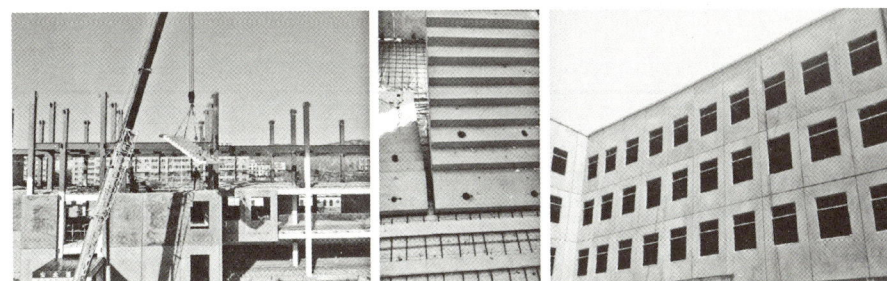

（d）   （e）

图 4-24 构件吊装施工流程

（a）钢结构施工（钢柱和钢梁）；（b）PK 预应力混凝土楼板施工；（c）预制混凝土夹心保温外墙挂板施工；
（d）预制混凝土楼梯施工；（e）外墙挂板施工完成后效果

习　题

1. 简述多高层钢结构建筑常见的结构体系种类。

2. 简述钢框架结构体系和钢框架－支撑结构体系的概念及特点。

3. 简述钢框架－剪力墙结构体系和钢框架－核心筒结构体系的概念及特点。

4. 简述装配式钢结构建筑围护体系种类。

5. 简述预制混凝土外围护墙板的概念及特点。

6. 简述预制内隔墙板按成型方式分为哪几种。

7. 简述钢结构建筑常采用的楼板和屋面板种类。

教学单元 5

装配式木结构建筑

【教学目标】通过本部分学习，掌握装配式木结构建筑结构体系种类（包括轻型木结构体系和重型木结构体系）及其基本概念和特点；掌握重型木结构建筑独特的优势；掌握装配式木结构建筑连接技术（含榫卯连接、齿连接、螺栓连接和钉连接以及板销连接等）；掌握装配式木结构建筑设计标准与规范、装配式木结构建筑施工验收标准与规范的种类。

【课程思政】故宫是世界上最大的木结构建筑群，成千上万的构件，不靠一枚钉子就能紧紧地连接在一起。故宫木建筑的榫卯结构，展现了中国建筑之美。结合装配式建筑木结构的连接构造，强化学生对"工匠精神"的直观认知，更深入了解当代工匠是如何传承传统文化精髓并将其发扬光大的，进一步使学生树立起牢固的民族意识和职业信心。

5.1 装配式木结构建筑技术体系

装配式木结构建筑为用木材制成的建筑，如图 5-1 所示。木材是一种取材容易，加工简便的结构材料。木结构自重较轻，抗震性能好，木构件便于运输、装拆，能多次使用，在古代广泛地应用于房屋建筑中，也是天然的装配式建筑形式。中国建筑历经了两千多年的封建帝制，留下了大量的木结构建筑，形成了以榫卯技术为特点的木结构框架体系，如悬臂梁结构、拱结构和悬索结构等，从皇家宫殿、宗教寺庙到民居民宅形成了完整的建筑特点及结构技术体系。

木结构体系图集锦

图 5-1 装配式木结构建筑示意图

5.1.1 装配式木结构建筑结构体系

装配式木结构建筑在建筑的全寿命期内，能最大限度地节约资源、保护环境和减少污染，为人们提供健康、适用和高效的使用空间，是与自然和谐共生的建筑。装配式木结构建筑结构体系可以分为轻型木结构体系和重型木结构体系。两种类型的结构具有较大区别，所采用的结构类型取决于建筑物大小和用途。建筑物通常按住户数、建筑物高度和面积进行分类，木结构最常见的运用是在房屋建造中，包括从独户木屋到3~5层的现代化房屋，可作为住宅、商业设施或工业设施使用。

1. 轻型木结构体系

轻型木结构体系是用规格材、木基结构板材及石膏板等制作的木构架墙体、楼板和屋盖系统构成的单层或多层建筑结构。该结构体系具有安全可靠、保温节能、设计灵活、建造快速、建造成本低等特点。该体系一般用于低层和多层住宅建筑和小型办公建筑等。

具体来说，轻型木结构体系是将小截面构件按一定的间距等距离平行排列形成框架，然后在框架外根据受力需要，包上结构面板，形成建筑物的墙体、楼盖和屋盖等基本构件。整个结构体系就是由这些墙体、楼盖和屋盖构成的箱形建筑体系。作为一种高次超静定的结构体系，轻型木结构的结构强度通过主要结构构件（框架）和次要结构构件（墙面板、楼面板和屋面板）的共同作用得到，如图5-2所示。

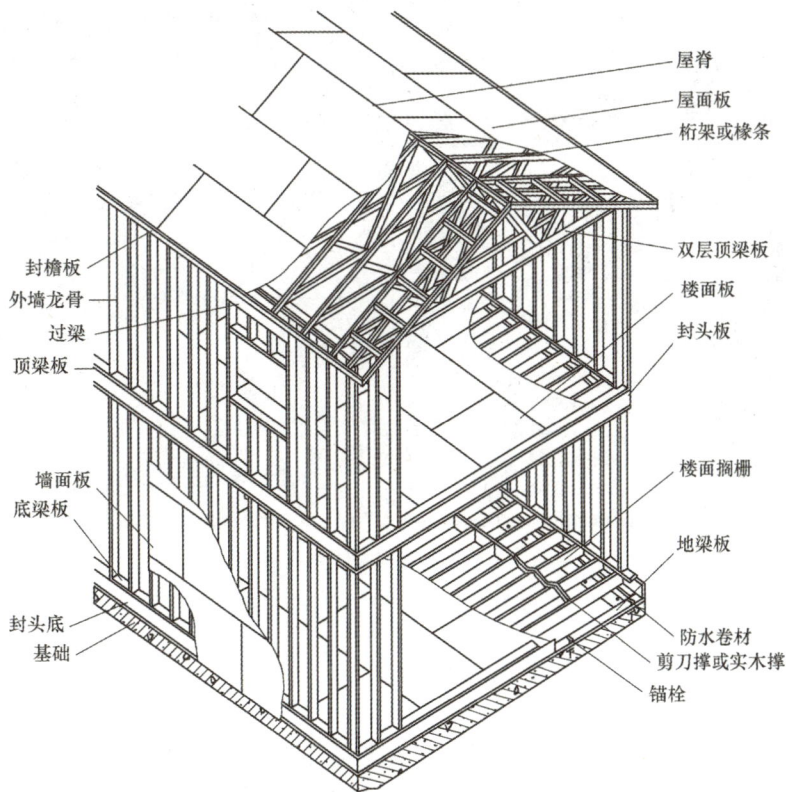

图 5-2 轻型木结构体系构造示意图

2. 重型木结构体系

重型木结构体系是指采用工程木产品以及方木或者原木作为承重构件的大跨度梁

柱结构，如图 5-3 所示。重型木结构因为其外露的木材特性，能充分体现木材的天然的色泽和美丽的花纹，被广泛应用于一些有高尚、环保追求的建筑中，如休闲会所、学校、体育馆、图书馆、展览厅、会议厅、餐厅、教堂、火车站、走道门廊、桥梁、户外景观设施以及住宅等。

重型木结构建筑具备以下独特的优势：① 节能保温；② 美观舒适、温暖宜人；③ 环保建材：天然、健康、可更新；④ 经久耐用；⑤ 抗震防火；⑥ 隔声效果佳等。重型木结构建筑的独有特性赢得了越来越多人的赞赏，其具有的节能高效、安全健康、施工简易以及维修方便等卓越性能获得了国内同行的一致认同；外国政府、国际组织与中国政府、开发商、设计师和建筑师合作在国内推广装配式木结构建筑以及为木结构设计和施工制定标准，更为装配式木结构建筑在中国的广泛应用铺平了道路。

图 5-3　重型木结构体系示意图

5.1.2　装配式木结构建筑连接技术

连接是装配式木结构建筑的关键，设计与施工的要求应严格，传力应明确，韧性和紧密性良好，构造简单，检查和制作方便。常见的连接方法有榫卯连接、齿连接、螺栓连接和钉连接以及板销连接等。

1. 榫卯连接

榫卯连接是中国古代匠师创造的一种连接方式。其特点是：利用木材承压传力，以简化梁柱连接的构造；利用榫卯嵌合作用，使结构在承受水平外力时，能有一定的适应能力。因此，这种连接至今仍在中国传统的木结构建筑中得到广泛应用，如图5-4所示。

图5-4　榫卯连接示意图

2. 齿连接

齿连接是用于桁架节点的连接方式。将压杆的端头做成齿形，直接抵承于另一杆件的齿槽中，通过木材承压和受剪传力，如图5-5所示。为了提高其可靠性，要求压杆的轴线必须垂直于齿槽的承压面并通过其中心，这样使压杆的垂直分力对齿槽的受剪面有压紧作用，提高木材的抗剪强度。为了防止刻槽过深削弱杆件截面影响杆件承载能力，对于桁架中间节点，应要求齿深不大于杆件截面高度的1/4，对于桁架支座节点应不大于1/3。同时，应设置保险螺栓，以防受剪面意外剪坏时，可能引起的屋盖结构倒塌。

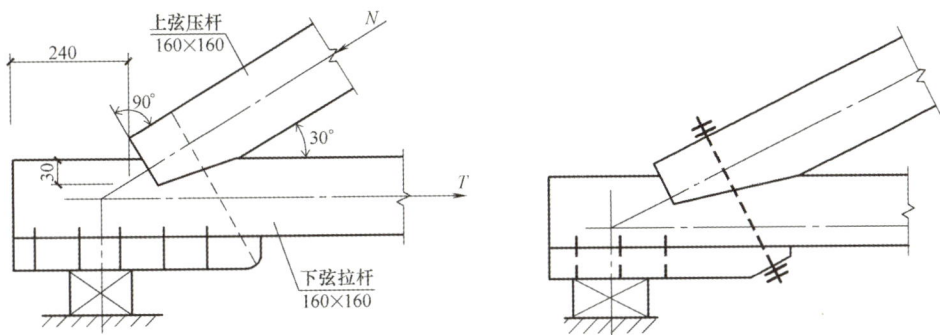

图5-5　齿连接示意图

3. 螺栓连接和钉连接

在木结构中，螺栓和钉的工作原理是相同的，即由于阻止了构件的相对移动，而使螺栓和钉受到其孔壁木材的挤压，这种挤压还使螺栓和钉受剪与受弯，木材受剪与受劈。为了充分利用螺栓和钉受弯、木材受挤压的良好韧性，避免因螺栓和钉过粗、排列过密或构件过薄而导致木材剪坏或劈裂，在构造上对木料的最小厚度、螺栓和钉的最小排列间距都有相应的规定，如图 5-6 所示。

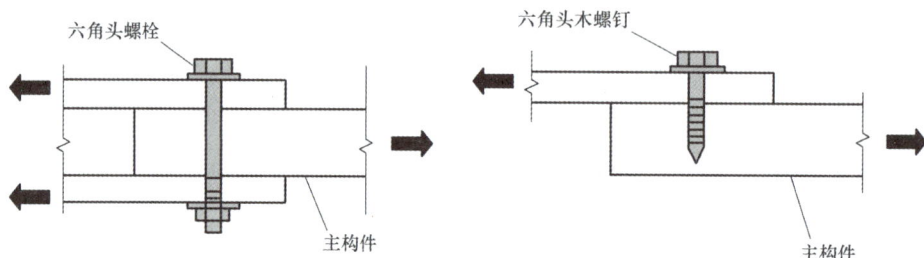

图 5-6　螺栓连接和钉连接示意图

4. 板销连接

板销连接是用板片状硬木销阻止被拼合构件的相对移动，板销主要在顺纹受弯条件下传力，具有较高的承载能力，故应注意使其木纹垂直于拼合缝，为保证连接的高度紧密性和生产的高效率，宜用专门的机具按统一尺寸挖销槽和制板销，并按构造要求用系紧螺栓连接方木或圆木。板销连接刚度好，对木构件的材质无特殊要求。在方木和原木的拼合中可达到较好的技术经济效果，如图 5-7 所示。

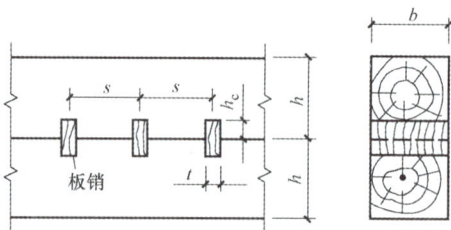

图 5-7　板销连接示意图

h_c—槽深的 1/2；t—槽宽；s—槽间距；h—梁高的 1/2；b—梁宽

5.2　装配式木结构建筑主要标准与规范

随着我国木结构的产业化进程加快，我国现已制订和完善了一系列与低层木结构建筑和木材产品相关的标准规范，已逐渐形成较完整的技术标准体系，具体涉及木结构设计相关标准以及施工验收相关标准等内容，木结构相关标准规范处于快速发展期。

5.2.1　装配式木结构建筑设计标准与规范

目前与装配式木结构建筑相关的部分现行设计标准与规范见表 5-1。部分技术标准或技术规范中既有设计部分内容，又有施工或验收部分内容，如《装配式木结构建筑技术标准》《多高层木结构建筑技术标准》等标准规范，在表 5-1 和表 5-2 中未重复列出。

装配式木结构建筑相关设计标准与规范　　　　　　　　　　　表 5-1

序号	标准 / 规范名称	标准 / 规范编号
1	多高层木结构建筑技术标准	GB/T 51226—2017
2	木结构设计标准	GB 50005—2017
3	装配式木结构建筑技术标准	GB/T 51233—2016
4	建筑设计防火规范	GB 50016—2014（2018 年版）
5	木材防腐剂	GB/T 27654—2011
6	防腐木材的使用分类和要求	GB/T 27651—2011
7	建筑用加压处理防腐木材	SB/T 10628—2011
8	结构用集成材	GB/T 26899—2022
9	木结构覆板用胶合板	GB/T 22349—2008
10	防腐木材	GB/T 22102—2008
11	木骨架组合墙体技术标准	GB/T 50361—2018
12	单板层积材	GB/T 20241—2021

5.2.2　装配式木结构建筑施工验收标准与规范

目前与装配式木结构建筑相关的部分现行施工验收标准与规范见表 5-2。

装配式木结构建筑相关施工验收标准与规范　　表 5-2

序号	标准／规范名称	标准／规范编号
1	木结构建筑	14J924
2	轻型木结构用规格材目测分级规则	GB/T 29897—2013
3	轻型木结构　结构用指接规格材	LY/T 2228—2013
4	木结构工程施工质量验收规范	GB 50206—2012
5	木结构工程施工规范	GB/T 50772—2012
6	木结构试验方法标准	GB/T 50329—2012
7	防腐木材工程应用技术规范	GB 50828—2012
8	建筑结构用木工字梁	GB/T 28985—2012
9	胶合木结构技术规范	GB/T 50708—2012
10	结构木材　加压法阻燃处理	SB/T 10896—2012
11	轻型木桁架技术规范	JGJ/T 265—2012
12	结构用木质复合材产品力学性能评定	GB/T 28986—2012
13	结构用规格材特征值的测试方法	GB/T 28987—2012
14	结构用锯材力学性能测试方法	GB/T 28993—2012
15	结构用竹木复合板	GB/T 21128—2007
16	定向刨花板	LY/T 1580—2010
17	木结构通用规范	GB 55005—2021

5.3　装配式木结构建筑典型案例

5.3.1　工程概况

木结构典型
案例图集锦

项目名称：×××游客中心
项目地点：×××省×××市
建设单位：×××集团
设计单位：×××设计研究院
施工单位：×××集团有限公司
构件供应商：×××集团有限公司
项目功能：别墅项目

　　×××游客中心是国内目前单体最大的一栋重型木结构项目。

　　该项目通过"木桁架屋顶结构＋树状重木结构"的独特木结构，从而达到建筑与自然共生，使得建筑真正地融合于自然风景之中。设计师奉行了节能环保建筑的理念，通过有序通透的开放空间，将建筑内部功能空间进行系统分割，从而形成销售、展览、休憩、购物等功能空间。该建筑最引人注目的是其三维曲面的木屋顶设计，屋面天花板采用了加拿大 J 级 SPF 木材，并由 SPF 胶合木支撑。整个屋顶的悬索结构能够使其屋面无须额外钢梁支撑，如图 5-8 所示。

图 5-8　×××游客中心实景

5.3.2　设计与难点

　　该项目由西方建筑师设计，施工完全由国内公司承包，因此与西方建筑师和海外材料供应商的沟通就成了必须要克服的难题。项目中复杂的木材组件全部由加拿大设计并制造，而大件的木材元素先由计算机生成图纸，后由国内团队组装。该项目使用参数化三维建模，采用最新的设计软件，如 Rhino，Grasshopper。项目设计初期最大的难点是中央屋顶复杂的几何形状的实现。通过将参数化模型与结构分析模型相关联，形成一个反馈回路，由设计师确定柱子的振动频率和位置。该模型还允许与建筑互动设计，提供详细的三维模型，直接链接到制造模型和下游图纸，如图 5-9 所示。

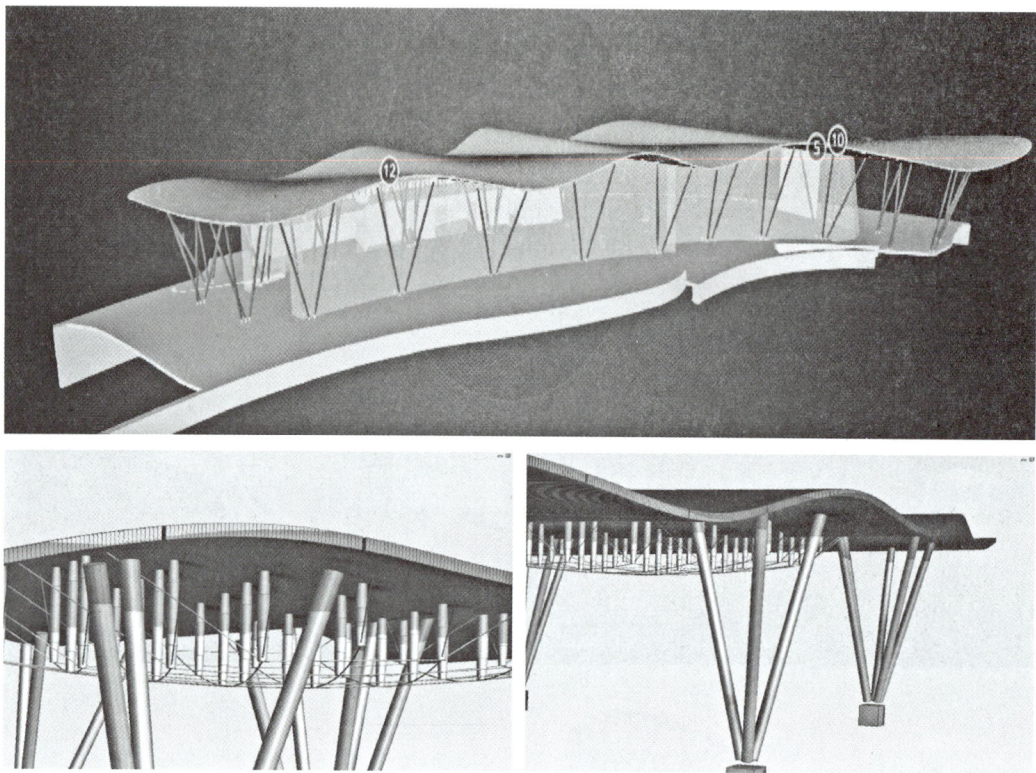

图 5-9　项目结构模型示意图

5.3.3　构件制造

该项目的实木屋顶由 39 块屋顶板组成，在国内现场拼装。其中 2m 宽的板通常长 40m，都被迫划分为两个长度以便搬运和安装。为了避免这些关节的视觉缝隙，设计师使用了相同长度的片段缝合被分隔成两半的超长板，从而形成了一个交错的图案。屋顶上所有大约 25000 块木材都是直的，屋顶的波浪形造型是使用方向垂直于屋顶板的胶合板进行的表面覆盖。同时，木板的正交异性在设计阶段利用有限元软件进行了结构分析，如图 5-10 所示。

在屋顶板现场组装的同时，在加拿大 93 根不同长度的胶合积层木柱也被分别打磨成锥形以便安装到定制的节点连接器中。屋顶木板的支撑加固由小直径胶合吊杆柱和极细的不锈钢钢丝组成的花丝索网构成，使其柱间跨度可达 15m。所有的支撑柱倾斜方向不同，最长的支撑柱可达 10m，每一根支撑柱的倾斜角度都是通过迭代计算得出，使其可以满足屋顶系统的横向受力及扭转受力的平衡，并用来解决由此产生的内力。

图 5-10　木结构构件工厂内组装

5.3.4　安装施工

　　该项目整体设计和建造历时 8 个月，大量的预制构件、精细的规划以及一个极其严密的施工进度计划保证了项目的成功。这个项目通过大量木材的使用，成功地唤醒了被人们忘记的我国曾大量使用木材作为建筑及结构材料的历史。上千年前，我们就在建筑中开始使用木材，尽管木结构建筑在中国有着丰富的历史，这一可持续的环保材料却在近一个世纪被忽视。该项目的目的是向中国建筑商、建筑师和公众展示木材除了作为简单的低层住宅的材料外的巨大潜力，安装施工示意图如图 5-11 所示。

图 5-11　项目安装施工示意图（一）

图 5-11 项目安装施工示意图（二）

习　题

1. 简述装配式木结构建筑结构体系的种类。

2. 简述轻型木结构体系和重型木结构体系的概念。

3. 简述重型木结构建筑的优势。

4. 简述装配式木结构建筑连接技术的种类。

5. 简述榫卯连接和齿连接技术原理。

6. 简述螺栓连接和钉连接技术原理。

7. 简述板销连接技术原理。

教学单元 6

装配式建筑构件生产

【教学目标】通过本部分学习，掌握装配式建筑混凝土构件生产中预制混凝土构件原料计算、模具准备与安装、钢筋与预埋件施工、混凝土制作与浇筑、构件蒸养与起板入库等基本内容；掌握装配式建筑钢构件生产中放样与号料、切割、矫正与成型、边缘加工与制孔、组装、焊接与摩擦面处理、除锈、涂装和编号等基本内容；掌握装配式建筑木构件生产中材料检验、材料矫正、放样和加工等基本内容。

【课程思政】像造汽车一样造房子，是装配式建筑构件工厂化生产的真实写照。实行精细化的生产管理，减少生产浪费，提高产品质量和生产效率是装配式建筑节约成本的重要举措之一。因此，对于构件生产从业人员，具备责任意识、安全意识、质量意识非常重要。

6.1 装配式建筑混凝土构件生产

混凝土构件
生产图集锦

6.1.1 预制混凝土构件原料计算

6.1.1.1 钢筋算量基础知识

1. 钢筋计算常用数据

钢筋的每米质量的单位是"kg/m"。钢筋的每米质量是计算钢筋工程量（t）的基本数据，当计算出某种直径钢筋的总长度（m）时，根据钢筋的每米质量就可以计算出这种钢筋的总质量：

原料预算虚拟
仿真操作流程

钢筋的总质量（kg）＝钢筋总长度（m）× 钢筋每米质量（kg/m）

常用钢筋的理论质量参见相关规范。

2. 钢筋加工尺寸标注说明

（1）纵向钢筋

纵向钢筋加工尺寸标注如图 6-1 所示。

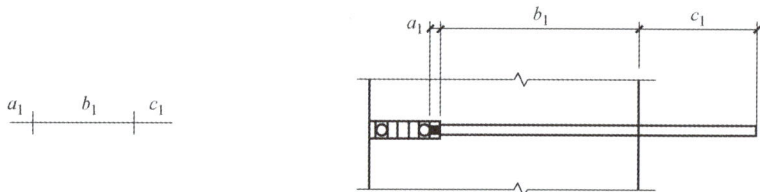

图 6-1　纵向钢筋加工尺寸标注示意图

（2）箍筋

箍筋加工尺寸标注如图 6-2 所示。

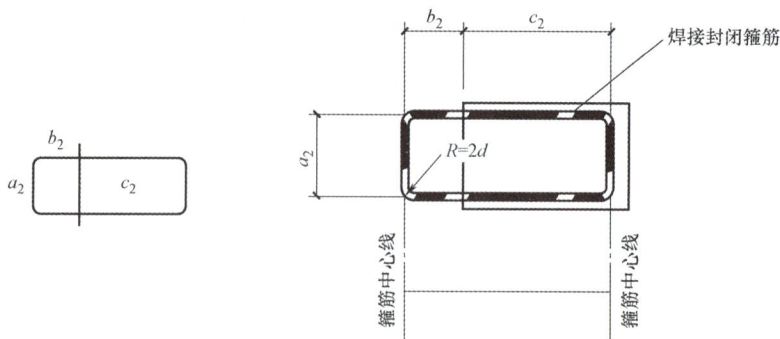

图 6-2　箍筋加工尺寸标注示意图

注：配筋图中箍筋长度均为中心线长度

（3）拉筋

拉筋加工尺寸标注如图 6-3 所示。

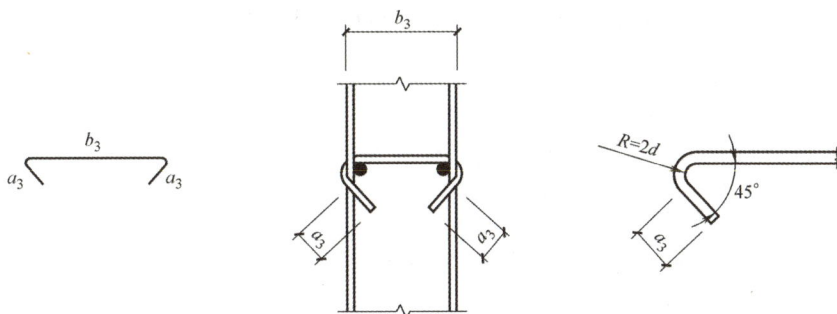

图 6-3 拉筋加工尺寸标注示意图

注：配筋图中 a_3 为弯钩处平直段长度，b_3 为被拉钢筋外表皮距离。

（4）窗下墙钢筋

窗下墙钢筋加工尺寸标注如图 6-4 所示。

6.1.1.2 混凝土组成材料用量计算

混凝土配合比设计步骤：首先按照已选择的原材料性能及对混凝土的技术要求进行初步计算，得出"初步计算配合比"。再经过试验室试拌调整，得出"基准配合比"。然后，经过强度检验，定出满足设计和施工要求并比较经济的"设计配合比（试验室配合比）"。最后根据现场砂、石的实际含水率，对试验室配合比进行调整，求出"施工配合比"。

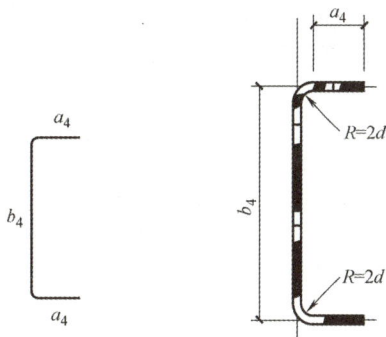

图 6-4 窗下墙钢筋加工
尺寸标注示意图

注：详图中 a_4 为弯钩处平直度长度，b_4 为竖向弯钩中心线距离。

1. 初步计算配合比的确定

（1）配制强度（$f_{cu,o}$）的确定

① 当混凝土的设计强度等级小于 C60 时，配制强度应按下式确定：

$$f_{cu,o} = f_{cu,k} + 1.645\sigma \qquad (6-1)$$

式中　$f_{cu,o}$——混凝土配制强度（MPa）；

　　　$f_{cu,k}$——混凝土立方体抗压强度标准值（MPa）；

　　　σ——混凝土强度标准差（MPa）。

② 当混凝土的设计强度等级不小于 C60 时，配制强度应按下式确定：

$$f_{cu,o} = 1.15f_{cu,k} \qquad (6-2)$$

（2）初步确定水胶比（W/B）

混凝土强度等级小于 C60 级时，混凝土水胶比宜按下式计算：

$$W/B = \frac{\alpha_a f_b}{f_{cu,o} + \alpha_a \alpha_b f_b} \qquad (6-3)$$

式中　α_a、α_b——骨料回归系数；

f_b——胶凝材料 28d 抗压强度实测值（MPa）。

回归系宜按下列规定确定：回归系数应根据工程所使用的水泥、骨料，通过试验式确定。当不具备试验统计资料时，其回归系数可按表 6-1 采用。

回归系数 α_a 和 α_b 选用表　　　　表 6-1

回归系数	碎石	卵石
α_a	0.53	0.49
α_b	0.20	0.13

注：表中数据选自《普通混凝土配合比设计规程》JGJ 55—2011。

（3）1m³ 混凝土的用水量（m_{wo}）

每立方米干硬性和塑性混凝土用水量的确定，应符合下列规定：

① 水胶比在 0.40～0.80 范围时，根据粗骨料的品种、粒径及施工要求的混凝土拌合物稠度，其用水量可按表 6-2、表 6-3 选取。

② 水胶比小于 0.40 的混凝土的用水量，应通过试验确定。

干硬性混凝土的用水量表（kg/m³）　　　　表 6-2

拌合物稠度		卵石最大粒径（mm）			碎石最大粒径（mm）		
项目	指标	10	20	40	16	20	40
维勃稠度（s）	16～20	175	160	145	180	170	155
	11～15	180	165	150	185	175	160
	5～10	185	170	155	190	180	165

塑性混凝土的用水量表（kg/m³）　　　　表 6-3

拌合物稠度		卵石最大粒径（mm）				碎石最大粒径（mm）			
项目	指标	10	20	31.5	40	16	20	31.5	40
坍落度（mm）	10～30	190	170	160	150	200	185	175	165
	35～50	200	180	170	160	210	195	185	175
	55～70	210	190	180	170	220	205	195	185
	75～90	215	195	185	175	230	215	205	195

（4）计算 1m³ 混凝土的胶凝材料用量（m_{bo}）、矿物掺合料用量（m_{fo}）、水泥用量（m_{co}）、外加剂用量（m_{ao}）

1）根据已初步确定的水胶比（W/B）和选用的单位用水量（m_{wo}），可计算出胶凝材料用量（m_{bo}）。

$$m_{bo} = \frac{m_{wo}}{W/B} \qquad (6-4)$$

为保证混凝土的耐久性，由上式计算得出的胶凝材料用量还应满足《普通混凝土配合比设计规程》JGJ 55—2011 规定的最小胶凝材料用量的要求，如计算得出的胶凝材料用量少于规定的最小胶凝材料用量，则应取规定的最小胶凝材料用量值。

2）每立方米混凝土的矿物掺合料用量（m_{fo}）应按式（6-5）计算：

$$m_{fo} = m_{bo}\beta_f \qquad (6-5)$$

式中 β_f——矿物掺合料掺量（%）。矿物掺合料在混凝土中的掺量应通过试验确定，采用硅酸盐水泥或普通硅酸盐水泥时，钢筋混凝土中矿物掺合料最大掺量宜符合表 6-4 的规定。

钢筋混凝土中矿物掺合料最大掺量表　　　　　　　　　　表 6-4

矿物掺合料种类	水胶比	最大掺量（%）	
		采用硅酸盐水泥时	采用普通硅酸盐水泥时
粉煤灰	≤ 0.40	45	35
	> 0.40	40	30
粒化高炉矿渣粉	≤ 0.40	65	55
	> 0.40	55	45
钢渣粉	—	30	20
磷渣粉	—	30	20
硅灰	—	10	10
复合掺合料	≤ 0.40	65	55
	> 0.40	55	45

3）每立方米混凝土的水泥用量（m_{co}）应按式（6-6）计算：

$$m_{co} = m_{bo} - m_{fo} \qquad (6-6)$$

4）每立方米混凝土中外加剂用量（m_{ao}）应按式（6-7）计算：

$$m_{ao} = m_{bo}\beta_a \qquad (6-7)$$

式中 β_a——外加剂掺量（%），应经混凝土试验确定。

（5）选取合理的砂率值（β_s）

砂率（β_s）应根据骨料的技术指标、混凝土拌合物性能和施工要求，参考既有历史资料确定。当缺乏砂率的历史资料时，混凝土砂率的确定应符合下列规定：

1）坍落度小于 10mm 的混凝土，其砂率应经试验确定；

2）坍落度为 10～60mm 的混凝土，其砂率可根据粗骨料品种、最大公称粒径及水胶比按表 6-5 选取；

混凝土的砂率（%）表　　　　　　　　　　表 6-5

水胶比	卵石最大粒径（mm）			碎石最大粒径（mm）		
（W/B）	10	20	40	16	20	40
0.40	26～32	25～31	24～30	30～35	29～34	27～32
0.50	30～35	29～34	28～33	33～38	32～37	30～35
0.60	33～38	32～37	31～36	36～41	35～40	33～38
0.70	36～41	35～40	34～39	39～44	38～43	36～41

注：表中数据选自《普通混凝土配合比设计规程》JGJ 55—2011。

3）坍落度大于 60mm 的混凝土，其砂率可经试验确定，也可在表 6-5 的基础上，按坍落度每增大 20mm、砂率增大 1% 的幅度予以调整。

（6）计算粗、细骨料的用量（m_{go}）及（m_{so}）

粗、细骨料的用量可用质量法或体积法求得，例如质量法的参考计算方法如下：

如果原材料情况比较稳定，所配制的混凝土拌合物的表观密度将接近一个固定值，这样可以先假设一个 1m³ 混凝土拌合物的质量值，并可列出式（6-8）：

$$\begin{cases} m_{fo} + m_{co} + m_{go} + m_{so} + m_{wo} = m_{cp} \\ \beta_s = \dfrac{m_{so}}{m_{so} + m_{go}} \times 100\% \end{cases} \quad (6\text{-}8)$$

式中　m_{go}——1m³ 混凝土的粗骨料用量（kg/m³）；

　　　m_{so}——1m³ 混凝土的细骨料用量（kg/m³）；

　　　m_{cp}——1m³ 混凝土拌合物的假定质量（kg/m³），其值可取 2350～2450kg/m³。

解联立两式，即可求出 m_{go}、m_{so}。

通过以上六个步骤，便可将水、水泥、砂和石子的用量全部求出，得出初步计算配合比，供试配用。

2. 混凝土配合比的试配、调整与确定

（1）基准配合比的确定

按初步计算配合比，称取实际工程中使用的材料，进行试拌。混凝土的搅拌方法，应与生产时使用的方法相同。试配的最小搅拌量见表 6-6。

试配的最小搅拌量　　　　　　表 6-6

粗骨料最大公称粒径（mm）	拌合物数量（L）	粗骨料最大公称粒径（mm）	拌合物数量（L）
≤ 31.5	20	40.0	25

混凝土搅拌均匀后，检查拌合物的和易性，不符合要求的，必须经过试拌调整，直到符合要求为止，然后，提出供检验强度用的基准配合比。

（2）施工配合比

设计配合比是以干燥材料为基准的，而工地存放的砂、石都含有一定的水分，且随着气候的变化而经常变化。所以，现场材料的实际称量应按工地砂、石的含水情况进行修正，修正后的配合比称施工配合比。

6.1.1.3　预制混凝土工程量计算

1. 预制混凝土工程量计算规则

预制混凝土工程量均按图示实体体积以"m³"计算，不扣除构件内钢筋、铁件及小于 300mm×300mm 以内孔洞面积，空心板的孔洞体积应扣除。

2. 计算公式

预制钢筋混凝土构件制作、运输、安装过程的损耗率见表 6-7，混凝土工程量计算如下：

128

预制钢筋混凝土构件制作、运输、安装损耗率表　　　表 6-7

名称	制作损耗率	运输堆放损耗率	安装损耗率
各类预制构件	0.2%	0.8%	0.5%

混凝土预制构件制作工程量＝预制构件图示实体体积×（1＋1.5%）

计算时，构件数量不要遗漏，清查准确，工程量要区别有无损耗系数。工程量计算结果保留两小数。

6.1.2　模具准备与安装

6.1.2.1　模具准备

1. 模具制作加工工序可概括为：开料、制成零件、拼装成模。

2. 模具设计、类型及制造使用要求

（1）模具设计体系

现有的模具设计体系可分为：独立式模具和大底模式模具（即底模可公用，只加工侧模）。独立式模具用钢量较大，适用于构件类型较单一且重复次数多的项目。大底模式模具只需制作侧边模具，底模还可以在其他工程上重复使用，如图 6-5 所示。

图 6-5　大底模式模具示意图

（2）模具类型

模具主要类型包括大底模（平台）模具、墙板模具、叠合板模具、叠合梁模具、阳台板模具、楼梯模具等，如图 6-6 所示。

（3）模具制造使用要求

"模具是制造业之母"，模具的好坏直接决定了构件产品质量的好坏和生产安装的质量和效率，预制构件模具的制造关键是"精度"，包括尺寸的误差精度、焊接工艺水平、模具边棱的打磨光滑程度等，模具组合后应严格按照要求涂刷脱模剂或水洗剂。预制构件的质量和精度是保证建筑质量的基础，也是预制装配整体式建筑施工的关键工序之一，为了保证构件质量和精度，必须采用专用的模具进行构件生产，预制构件生产前应对模具进行检查验收，严禁采用地胎模等"土办法"上马。

模具准备虚拟仿真操作流程

129

（a）

（b）

（c）

（d）

图6-6　模具类型示意图

（a）墙板模具；（b）楼梯模具；（c）叠合板模具；（d）叠合梁模具

6.1.2.2　模具安装

1. 一般规定

（1）预制装配式混凝土结构的模具以钢模为主，面板主材选用 Q235 钢板，支持结构可选型钢或者钢板，规格可根据模具形式选择，支撑体系应具有足够的承载力、刚度和稳定性，应保证在构件生产时能可靠承受浇筑混凝土的重量、侧压力及工作荷载。

（2）预制装配式混凝土结构的模板与支撑体系应保证工程结构和构件的各部分形状尺寸、相对位置的准确，且应便于钢筋安装和混凝土浇筑、养护。

（3）预制装配式混凝土结构模板与混凝土的接触面应涂隔离剂脱模，宜选用水性脱模剂，严禁隔离剂污染钢筋与混凝土接槎处。

（4）预制装配式混凝土结构在浇筑混凝土前，模板以及叠合类构件内的杂物应清理干净，模板安装和混凝土浇筑时，应对模板及其支撑体系进行观察和维护。

2. 模具安装

模具安装应按照组装顺序进行，对于特殊构件，钢筋可先入模后组装；应根据生产计划合理组合模具，充分利用模台。模具组装前，模板接触面平整度、板面弯曲、拼装缝隙、几何尺寸等应满足相关设计要求。模具安装测量如图6-7所示。

（a）　　　　　　　　　　　　　　　（b）

图 6-7　模具安装测量示意图

（a）模具安装对角测量；（b）模具安装宽度测量

钢筋操作虚拟
仿真操作流程

6.1.3　钢筋与预埋件施工

6.1.3.1　预制混凝土钢筋及预埋件施工材料要求

1. 钢筋

钢筋包括光圆钢筋和带肋钢筋（螺纹钢筋），如图 6-8 所示，相关内容参见 1.2 节。

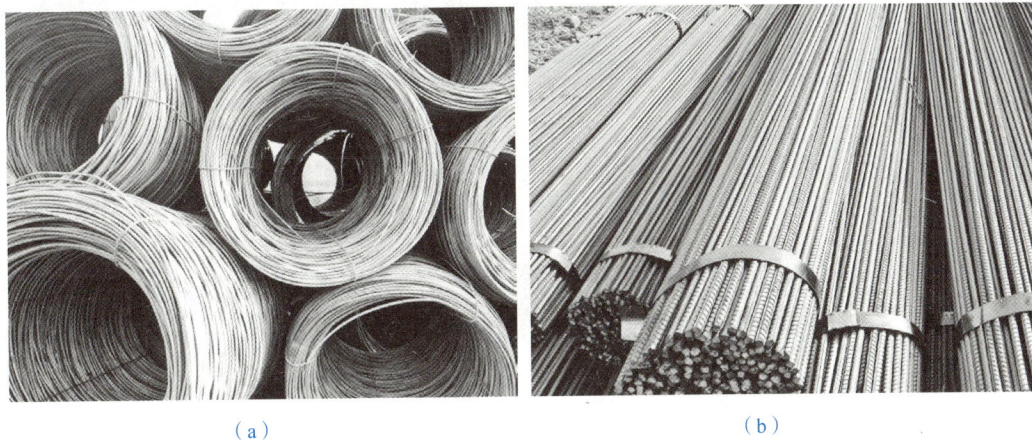

（a）　　　　　　　　　　　　　　　（b）

图 6-8　钢筋种类

（a）光圆钢筋；（b）带肋钢筋

2. 钢筋连接灌浆套筒

钢筋连接灌浆套筒是通过水泥基灌浆料的传力作用将钢筋对接连接所用的金属套筒。

钢筋连接灌浆套筒按照结构形式分类，分为半灌浆套筒和全灌浆套筒，如图 6-9 所示。前者一端采用灌浆方式与钢筋连接，而另一端采用非灌浆方式与钢筋连接（通常采用螺纹连接）；后者两端均采用灌浆方式与钢筋连接。全灌浆套筒常用于预制梁钢筋连接，也可用于预制墙和柱的连接；半灌浆套筒常用于预制墙、柱钢筋连接。

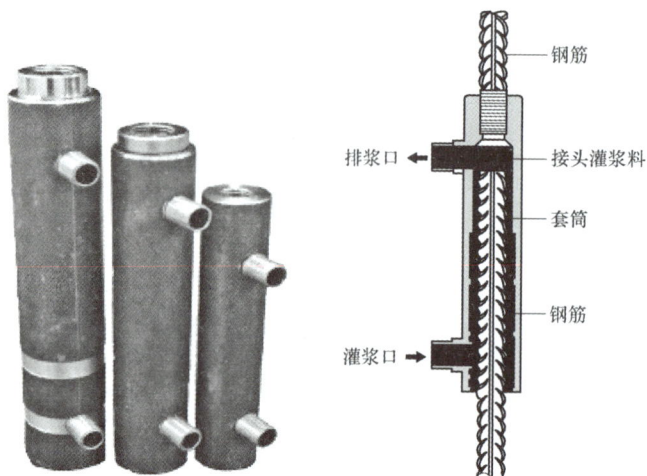

（a）

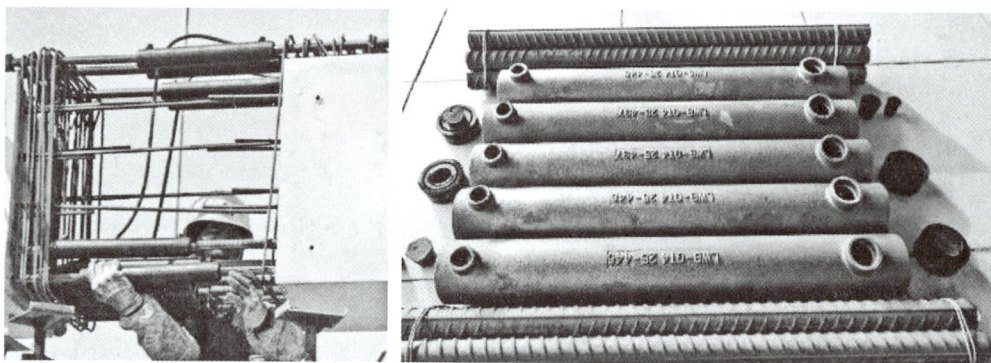

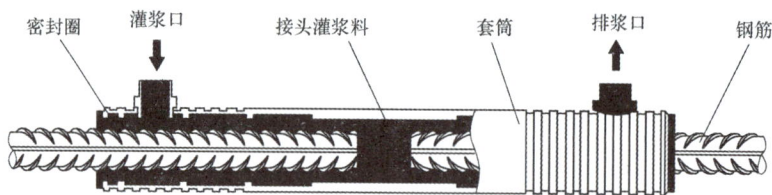

（b）

图 6-9　灌浆套筒分类

（a）半灌浆套筒示意图；（b）全灌浆套筒示意图

3. 灌浆出浆管

灌浆出浆管是套筒灌浆接头与构件外表面联通的通道，需要保证生产中灌浆出浆管与灌浆套筒连接处连接牢固，且可靠密封，管路全长内管路内截面圆形饱满，保证灌浆通路顺畅。选用的灌浆出浆管内（外）径尺寸精确，与套筒接头（孔）相匹配，安装配合紧密，无间隙、密封性能好；管壁坚固，不易破损或压瘪，弯曲时不易折叠，不易产生扭曲变形影响管道内径。首选硬质 PVC 管，其次选薄壁 PVC 增强塑料软管，如图 6-10 所示。

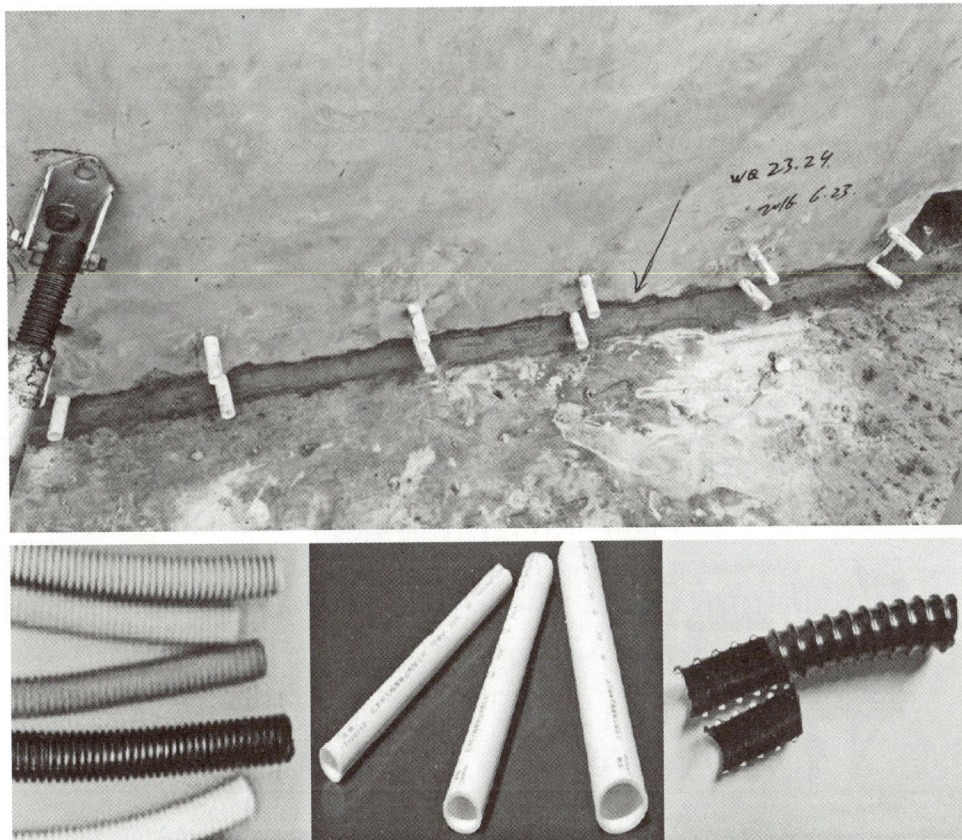

图 6-10　灌浆出浆管

4. 套筒固定组件

套筒固定组件（图 6-11）是装配式混凝土结构预制构件生产的专用部件，使用该组件可将灌浆套筒与预制构件的模板进行连接和固定，并将灌浆套筒的灌浆腔口密封，防止预制构件混凝土浇筑、振捣中水泥浆侵入套筒内。

5. 外墙保温连接件

外墙保温连接件是用于连接预制保温墙体内、外层混凝土墙板，传递墙板剪力，以使内外层墙板形成整体的连接器。

6.1.3.2　钢筋及预埋件安装

1. 准备工作

（1）核对成品钢筋的钢号、直径、形状、尺寸和数量等是否与料单料牌相符。如有错漏，应纠正增补。

（2）准备绑扎用的钢丝、绑扎工具、绑扎架等。钢筋绑扎用的钢丝，可采用 20～22 号钢丝，其中 22 号钢丝只用于绑扎直径 12mm 以下的钢筋。

（3）准备控制混凝土保护层用的混凝土垫块。

（4）画出钢筋位置线。钢筋接头的位置，应根据来料规格，结合有关接头位置、数量的规定，使其错开，在模板上画线。

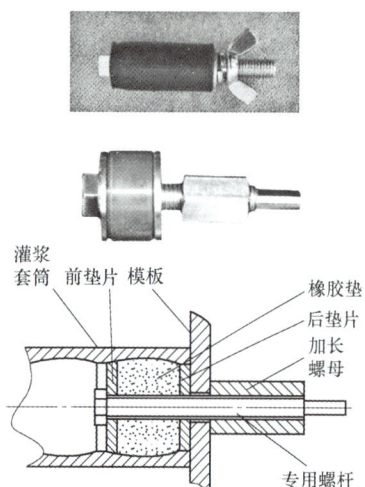

灌浆套筒　前垫片　模板　　橡胶垫　后垫片　加长螺母　专用螺杆

（a）

134

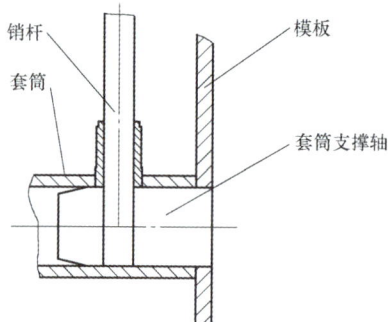

销杆　套筒　模板　套筒支撑轴

（b）

图 6-11　套筒固定组件

（a）螺母锁紧挤压式固定件；（b）销轴固定式固定件

（5）绑扎形式复杂的结构部位时，应先研究逐根钢筋穿插就位的顺序，并与模板工联系讨论支模和绑扎钢筋的先后次序，以减少绑扎困难。

2. 钢筋入模、预埋件要求

钢筋骨架、钢筋网片应满足预制构件设计图要求，宜采用专用钢筋定位件，入模应符合下列要求：

（1）钢筋骨架入模时应平直、无损伤，表面不得有油污或者锈蚀。

（2）钢筋骨架尺寸应准确，骨架吊装时应采用多吊点的专用吊架，防止骨架产生变形。

（3）保护层垫块宜采用塑料类垫块，且应与钢筋骨架或网片绑扎牢固，垫块按梅花状布置，间距满足钢筋限位及控制变形要求。

（4）钢筋连接套筒、预埋件均应设计定位销，模板架等要保证其按预制构件设计制作图准确定位和保证浇筑混凝土时不位移。连接件安装的位置、数量和时机均应明确规定。

（5）钢筋绑扎对于带飞边的外叶，需要插空增加水平分布筋，且锚入内叶部分210mm，加强筋绑扎应当按照设计要求，与水平分布筋不在同一平面内。绑扎过程中，对于尺寸、弯折角度不符合设计要求的钢筋不得绑扎，一律退回。需要预留梁槽或孔洞时，应当根据要求绑扎加强筋。

6.1.4　混凝土制作与浇筑

6.1.4.1　混凝土制作

（1）制作前的准备工作

1）主要机具

混凝土搅拌机按其搅拌原理分为自落式和强制式两类。

自落式搅拌机搅拌筒内壁装有叶片，搅拌筒旋转，叶片将物料提升一定的高度后自由下落，物料颗粒分散拌和成均匀的混合物。自落式搅拌机适用于搅拌流动性较大的混凝土（坍落度不小于30mm）。

强制式搅拌机的轴上装有叶片，通过叶片强制搅拌装在搅拌筒中的物料，使物料沿环向、径向和竖向运动，拌和成均匀的混合物。强制式搅拌机按其构造特征分为立轴式和卧轴式两类。强制式搅拌机和自落式搅拌机相比，搅拌作用强烈，搅拌时间短，适于搅拌低流动性混凝土、干硬性混凝土和轻骨料混凝土。

2）作业条件

① 试验室已下达混凝土配合比通知单，严格按照配合比进行生产任务，如有原材变化，以试验室的配合比变更通知单为准，严禁私自更改配合比。

② 所有的原材料经检查，全部应符合配合比通知单所提出的要求。

③ 搅拌机及其配套的设备应运转灵活、安全可靠。电源及配电系统符合要求，安全可靠。

④ 所有计量器具必须有检定的有效期标识。计量器具灵敏可靠，并按施工配合比设专人定磅。

⑤ 新下达的混凝土配合比，应进行开盘鉴定。开盘鉴定的工作已进行并符合要求。

3）混凝土制作要求

水泥宜采用不低于42.5级的硅酸盐、普通硅酸盐水泥，砂宜选用细度模数为2.3～3.0的中粗砂，石子宜选用5～25mm碎石，质量应符合《普通混凝土用砂、石质量及检验方法标准》JGJ 52—2012的规定，不得使用海砂；外加剂品种应通过试验室进行试配后确定，并应有质保书，且混凝土中不得掺加氯盐等对钢材有锈蚀作用的外加剂；预制混凝土强度等级不宜低于C30。

4）混凝土材料存放要求

混凝土原材料应按品种、数量分别存放，并应符合下列规定：

① 水泥和掺合料应存放在筒仓内。不同生产企业、不同品种、不同强度等级原材料不得混仓，储存时应保持密封、干燥、防止受潮。

构件浇筑虚拟仿真操作流程　　混凝土制作虚拟仿真操作流程

②砂、石应按不同品种、规格分别存放，并应有防尘和防雨等措施。

③外加剂应按不同生产企业、不同品种分别存放，并有防止沉淀等措施。

（2）混凝土搅拌要求

1）准备工作

每台班开始前，对搅拌机及上料设备进行检查并试运转；对所用计量器具进行检查并定磅；校对施工配合比；对所用原材料的规格、品种、产地、牌号及质量进行检查，并与施工配合比进行核对；对砂、石的含水率进行检查，如有变化，及时通知试验人员调整用水量。一切检查符合要求后，方可开盘拌制混凝土。

2）物料计量

①砂、石计量：采用自动上料，需调整好斗门关闭的提前量，以保证计量准确。砂、石计量的允许偏差应≤±2%。

②水泥计量：搅拌时采用散装水泥时，应每盘精确计量。水泥计量的允许偏差应≤±1%。

③外加剂及混合料计量：使用液态外加剂时，为防止沉淀要随用随搅拌。外加剂的计量允许偏差应≤±1%。

④水计量：水必须盘盘计量，其允许偏差应≤±1%。

3）第一盘混凝土拌制的操作

①每工作班拌制第一盘混凝土时，先加水使搅拌筒空转数分钟，搅拌筒被充分湿润后，将剩余积水倒净。

②搅拌第一盘时，由于砂浆粘筒壁而损失，因此，根据试验室提供的砂石含水率及配合比配料，每班第一盘料需增加水泥10kg，砂20kg。

③从第二盘开始，按给定的配合比投料。

4）出料时的外观及时间

出料前，在观察口目测拌合物的外观质量，保证混凝土应搅拌均匀、颜色一致，具有良好的和易性。每盘混凝土拌合物必须出尽，下料时间为20s。

6.1.4.2　混凝土浇筑

1. 混凝土浇筑前各项工作检查

混凝土浇筑前，应逐项对模具、钢筋、钢筋网、连接套管、连接件、预埋件、吊具、预留孔洞、混凝土保护层厚度等进行检查验收，并做好隐蔽工程记录。混凝土浇筑时，应采用机械振捣成型方式。带保温材料的预制构件宜采用水平浇筑方式成型，保温材料宜在混凝土成型过程中放置固定，应采取措施固定保温材料，确保拉结件的位置和间距满足设计要求，这对于满足墙板设计要求的保温性能和结构性能非常重要，应按要求进行过程质量控制。底层混凝土强度达到1.2MPa以上时方可进行保温材料敷设，保温材料应与底层混凝土固定，当多层敷设时上下层接缝应错开；当采用垂直浇筑成型工艺时，保温材料可在混凝土浇筑前放置固定。连接件穿过保温材料处应填补密实。

2. 混凝土浇筑

（1）混凝土浇筑时应符合下列要求：

① 混凝土应均匀连续浇筑，投料高度不宜大于500mm。

② 混凝土浇筑时应保证模具、门窗框、预埋件、连接件不发生变形或者移位，如有偏差应采取措施及时纠正。

③ 混凝土从出机到浇筑完毕的延续时间，气温高于25℃时不宜超过60min，气温低于25℃时不宜超过90min。

④ 混凝土应采用机械振捣密实，对边角及灌浆套筒处充分有效振捣；振捣时应该随时观察固定磁盒是否松动位移，并及时采取应急措施；浇筑厚度使用专门的工具测量，严格控制，对于外叶振捣后应当对边角进行一次抹平，保证构外叶与保温板间无缝隙。

⑤ 定期定时对混凝土进行各项工作性能试验（坍落度、和易性等）；按单位工程项目留置试块。

（2）浇筑混凝土

浇筑混凝土应按照混凝土设计配合比经过试配确定最终配合比，生产时严格控制水灰比和坍落度，如图6-12所示。

浇筑和振捣混凝土时应按操作规程，防止漏振和过振，生产时应按照规定制作试块与构件同条件养护。如图6-13所示，为混凝土边浇筑、边振捣示意图，其中振捣器宜采用振动平台或振捣棒，平板振动器辅助使用，混凝土振捣完成后应用机械抹平压光，如图6-14所示。

图6-12　混凝土坍落度实验

图6-13　振捣混凝土示意图

图6-14　机械抹平压光

6.1.5　构件蒸养与起板入库

1. 养护方式与特点

混凝土预制构件可采用覆膜保湿的自然养护、化学保护膜养护、远红外线养护、太阳能养护和蒸汽养护等多种养护

构件蒸养虚拟仿真操作流程　起板入库虚拟仿真操作流程

方式。而目前普遍使用的是覆膜保湿的自然养护或蒸汽养护。

（1）混凝土预制构件覆膜保湿的自然养护：预制构件成型后自然养护至混凝土达到终凝，小心拆除预制构件的边模，在预制构件上层洒足量水，然后加盖保湿薄膜静停，自然养护到预制构件达到起吊强度。自然环境下进行养护，保持混凝土表面湿润，养护时间不少于7d。自然养护成本低，简单易行，但养护时间长、模板周转率低，占用场地大。

（2）混凝土预制构件蒸养又分为传统混凝土预制构件蒸养和PC构件蒸养两种。

1）传统构件蒸养

传统构件蒸养是将构件放置在有饱和蒸汽或蒸汽与空气混合物的养护室内，在较高的温度和湿度的环境下进行养护，以加速混凝土的硬化，使之在较短的时间内达到规定的强度标准值。蒸养可缩短养护时间，模板周转率相应提高、占用场地大大减少。蒸养效果与蒸养制度有关，它包括养护前静置时间、升温和降温速度、养护温度、恒温养护时间、相对湿度等。

传统构件蒸养方法通常有三种：立窑、坑窑和隧道窑。立窑和隧道窑能连续生产，坑窑为间歇生产；通过上述分析，不难看出，自然养护时间长，不利于大批量生产；蒸养中的立窑和隧道窑虽然能连续生产，但占地面积较大，也不利于大批量生产。

2）PC构件蒸养

针对传统构件蒸养特点，PC构件工厂为了大批量生产，减少占地面积，同时更要保证构件的强度，借鉴国外先进技术，目前国内主要采用低温集中蒸养的方式，其特点如下：

①恒温蒸养，温度不超过60℃；
②辐射式蒸养，热介质通过散热器加热空气，之后传递给构件，并使之加热；
③多层仓位存储，每个窑可同时蒸养多个构件，蒸养构件数量取决于蒸养窑的大小；
④构件连同模台由码垛机控制进仓和出仓；
⑤窑内设计有加湿系统，根据构件要求，可调整空气的湿度。

3）低温集中蒸养的优点

①可大批量生产，进仓和出仓与生产线节拍同步；
②节省能源，窑内始终保持为恒温，热能的利用率高；
③码垛机采用自动控制，进仓和出仓方便；
④热量损失小，只是开门时间产生热损。

2. 常用蒸养设备及工具

构件蒸养主要完成蒸养前准备、蒸养库温度控制、蒸养库湿度控制、构件入库蒸养、构件出库等工序。

根据蒸养工序操作过程，构件蒸养过程中的主要设备为可监控蒸养库（图6-15），蒸养库温度、湿度设定都应在规范要求范围内。在运输构件过程中需要可操作模台和码垛机。码垛机带有支撑，通过操作码垛机可上升、下降模台到目标层就位。构件入库需操作取料杆将模台推进蒸养库内。

图 6-15 可监控蒸养库示意图

3. 构件脱模与起吊要求

（1）构件脱模要求

1）构件蒸养后，蒸养罩内外温差小于 20℃时方可进行脱模作业。

2）构件脱模应严格按照顺序拆除模具，脱模顺序应按支模顺序相反进行，应先脱非承重模板后脱承重模板，先脱帮模再脱侧模和端模，最后脱底模。不得使用振动方式脱模。

3）构件脱模时应仔细检查确认构件与模具之间的连接部分完全拆除后方可起吊。

4）用后浇混凝土或砂浆、灌浆料连接的预制构件结合处，设计有具体要求时，应按设计要求进行粗糙面处理，设计无具体要求时，可采用化学处理、拉毛或凿毛等方法制作粗糙面。

（2）构件脱模起吊要求

构件脱模起吊时，应根据设计要求或具体生产条件确定所需的混凝土标准立方体抗压强度，并满足下列要求：

1）构件脱模起吊时，混凝土强度应满足设计要求。当设计无要求时，构件脱模时的混凝土强度不应小于 15MPa。

2）外墙板、楼板等较薄预制混凝土构件起吊时，混凝土强度应不小于 20MPa。

3）梁、柱等较厚预制混凝土构件起吊时，混凝土强度不应小于 30MPa。

4）当构件混凝土强度达到设计强度的 30% 并不低于 C15 时，可以拆除边模；构件翻身强度不得低于设计强度的 70% 且不低于 C20，经过复核满足翻身和吊装要求时，允许将构件翻身和起吊；当构件强度大于 C15，低于 70% 时，应和模具平台一起翻身，不得直接起吊构件。

4. 脱模后构件质量要求

外观质量不宜有一般缺陷，不应有严重缺陷。对于已经出现的一般缺陷，应进行修补处理，并重新检查验收；对于已经出现的严重缺陷，修补方案应经设计、监理单位认可之后进行修补处理，并重新检查验收。预制构件脱模后，还应对预留孔洞、梁槽、门窗洞口、预留钢筋、预埋螺栓、灌浆套筒、预留槽等进行清理，保证通畅有效；

钢筋锚固板、直螺纹连接套筒等应及时安装，安装时应注意使用专用扳手旋拧到位，外漏丝头不能超过 2 丝。

5. 预制构件的存放

构件存放位置不平整、刚度不够、存放不规范都有可能使预制构件在存放时受损、破坏。因此，构件在浇筑、养护出窑后，一定要选择合格的地点规范存放，确保预制构件在运输之前不受损破坏。预制构件存放前，应先对构件进行清理。

（1）构件清理

1）构件清理标准为套筒、埋件内无残余混凝土、粗糙面分明、光面上无污渍、挤塑板表面清洁等。套筒内如有残余混凝土，用钎子将其掏出；埋件内如有混凝土残留现象，应用与埋件匹配型号的丝锥进行清理，操作丝锥时需要注意不能一直向里拧，要遵循"进两圈回一圈"的原则，避免丝锥折断在埋件内，造成不必要的麻烦。外漏钢筋上如有残余混凝土需进行清理。检查是否有卡片等附件漏卸现象，如有漏卸，及时拆卸后送至相应班组。

2）清理所用工具放置相应的位置，保证作业环境的整洁。

3）将清理完的构件装到摆渡车上，起吊时避免构件磕碰，保证构件质量。摆渡车由专门的转运工人进行操作，操作时应注意摆渡车轨道内严禁站人，严禁人车分离操作，人与车的距离保持在 2~3m，将构件运至堆放场地，然后指挥吊车将不同型号的构件码放到规定的堆放位置，码放时应注意构件的整齐。

（2）构件存放

构件的存放场地宜为混凝土硬化地面或经人工处理的自然地坪，满足平整度和地基承载力要求，并应有排水措施。堆放时底板与地面之间应有一定的空隙。构件应按型号、出厂日期分别存放。构件存放应符合下列要求：

1）存放过程中，预制混凝土构件与地面或刚性搁置点之间应设置柔性垫片，预埋吊环宜向上，标识向外，垫木位置宜与脱模冲刷、吊装时起吊位置一致；叠放构件的垫木应在同一直线上并上下垂直；垫木的长、宽、高均不宜小于 100mm。

2）柱、梁等细长构件存储宜平放，采用两条垫木支撑；码放高度应由构件、垫木承载力及堆垛稳定性确定，不宜超过 4 层。

3）叠合板、阳台板构件存储宜平放，叠放不宜超过 6 层；堆放时间不宜超过两个月。

4）外墙板、内墙板、楼梯宜采用托架立放，上部两点支撑，码放不宜超过 5 块。预制构件现场堆放如图 6-16 所示。

6. 预制构件的运输

（1）当采用靠放架堆放或运输构件时，靠放架应具有足够的承载力和刚度，与地面倾斜角度宜大于 80°；墙板宜对称靠放且外饰面朝外，构件上部宜采用木垫块隔离；运输时构件应采取固定措施。

（2）当采用插放架直立堆放或运输构件时，宜采取直立运输方式；插放架应有足够的承载力和刚度，并应支垫稳固。

（a）

（b）

（c）

图 6-16 预制构件现场堆放示意图

（a）预制墙板；（b）预制叠合板；（c）预制楼梯

（3）采用叠层平放的方式堆放或运输构件时，应采取防止构件产生裂缝的措施。

（4）预制构件及其上的建筑附件、预埋件、预埋吊件等采取施工保护措施，不得破损或沾污。

6.2 装配式建筑钢构件生产

6.2.1 放样、号料

钢构件生产图集锦

1. 放样

放样是钢结构制作工艺中的第一道工序，其工作的准确与否将直接影响到整个产品的质量，至关重要。为了提高放样和号料的精度和效率，有条件时，应采用计算机辅助设计。放样工作包括：核对图纸的安装尺寸和孔距；以1∶1的大样放出节点，根据设计图确定各构件的实际尺寸，放样工作完成后，对所放大样和样板进行检验；制作样板和样杆作为下料、弯制、铣、刨、制孔等加工的依据。放样时，铣、刨的工件要所有加工边均考虑加工余量，焊接构件要按工艺要求放出焊接收缩量。

2. 号料

号料（也称画线），即利用样板、样杆或根据图纸，在板料及型钢上画出孔的位置和零件形状的加工界线。号料的一般工作内容包括：检查核对材料；在材料上画出切割、铣、刨、弯曲、钻孔等加工位置，打冲孔，标注出零件的编号等，如图6-17所示。

图6-17 号料示意图

6.2.2 切割

切割下料的目的就是将放样和号料的零件形状从原材料上进行下料分离。钢材的切割可以通过切削、冲剪、摩擦机械力和热切割来实现。常用的切割方法有机械切割、气割和等离子切割三种。

1. 机械切割法

机械切割法可利用上、下两剪刀的相对运动来切断钢材，或利用锯片的切削运动把钢材分离，或利用锯片与工件间的摩擦发热使金属熔化而被切断。常用的切割机械有剪板机、联合冲剪机、弓锯床、砂轮切割机等。其中剪切法速度快、效率高，但切口略粗糙；锯割可以切割角钢、圆钢和各类型钢，切割速度和精度都较好。机械剪切的零件，其钢板厚度不宜大于 12mm，剪切面应平整，如图 6-18 所示。

图 6-18　机械切割示意图

2. 气割法

气割法是利用氧气与可燃气体混合产生的预热火焰加热金属表面达到燃烧温度并使金属发生剧烈的氧化，放出大量的热促使下层金属也自行燃烧，同时通以高压氧气射流，将氧化物吹除而引起一条狭小而整齐的割缝。随着割缝的移动，使切割过程连续切割出所需的形状。除手工切割外常用的机械有火车式半自动气割机、特型气割机等。这种切割方法设备灵活、费用低廉、精度高，是目前使用最广泛的切割方法，能够切割各种厚度的钢材，特别是带曲线的零件或厚钢板。气割前，应将钢材切割区域表面的铁锈、污物等清除干净，气割后，应清除熔渣和飞溅物，如图 6-19 所示。

图 6-19　气割示意图

3. 等离子切割法

等离子切割法是利用高温高速的等离子焰流将切口处金属及其氧化物熔化并吹掉

来完成切割，所以能切割任何金属，特别是熔点较高的不锈钢及有色金属铝、铜等，如图 6-20 所示。

图 6-20　等离子切割示意图

6.2.3　矫正、成型

1. 碳素结构钢在环境温度低于 -16℃、低合金结构钢在环境温度低于 -12℃时，不应进行冷矫正和冷弯曲。碳素结构钢和低合金结构钢在加热矫正时，加热温度不应超过 900℃。低合金结构钢在加热矫正后应自然冷却。

2. 当零件采用热加工成型时，加热温度应控制在 900～1000℃；碳素结构钢和低合金结构钢分别下降到 700～800℃之前，应结束加工。

3. 矫正后的钢材表面，不应有明显的凹面或损伤、划痕深度不得大于 0.5，且不应大于该钢材厚度负允许偏差的 1/2。

6.2.4　边缘加工、制孔

6.2.4.1　边缘加工

在钢结构加工中一般需要边缘加工，除图纸要求外，在梁翼缘板、支座支承面、焊接坡口及尺寸要求严格的加劲板、隔板、腹板和有孔眼的节点板等部位应进行边缘加工。常用的边缘加工方法主要有：铲边、刨边、铣边、碳弧气刨、气割和坡口机加工等。

在焊接工件中，为了保证焊接度，普通情况下用机加工方法加工出的型面称为坡口，要求不高时也可以气割（如果是一类焊缝，需超声波探伤的，则只能用机加工方法），但需清除氧化渣，根据需要，有 K 形坡口、V 形坡口、U 形坡口等（如图 6-21 所示），但大多要求保留一定的钝边。

6.2.4.2　制孔

钢结构制孔包括铆钉孔、普通螺栓连接孔、高强度螺栓孔、地脚螺栓孔等，制孔方法通常有冲孔和钻孔两种。

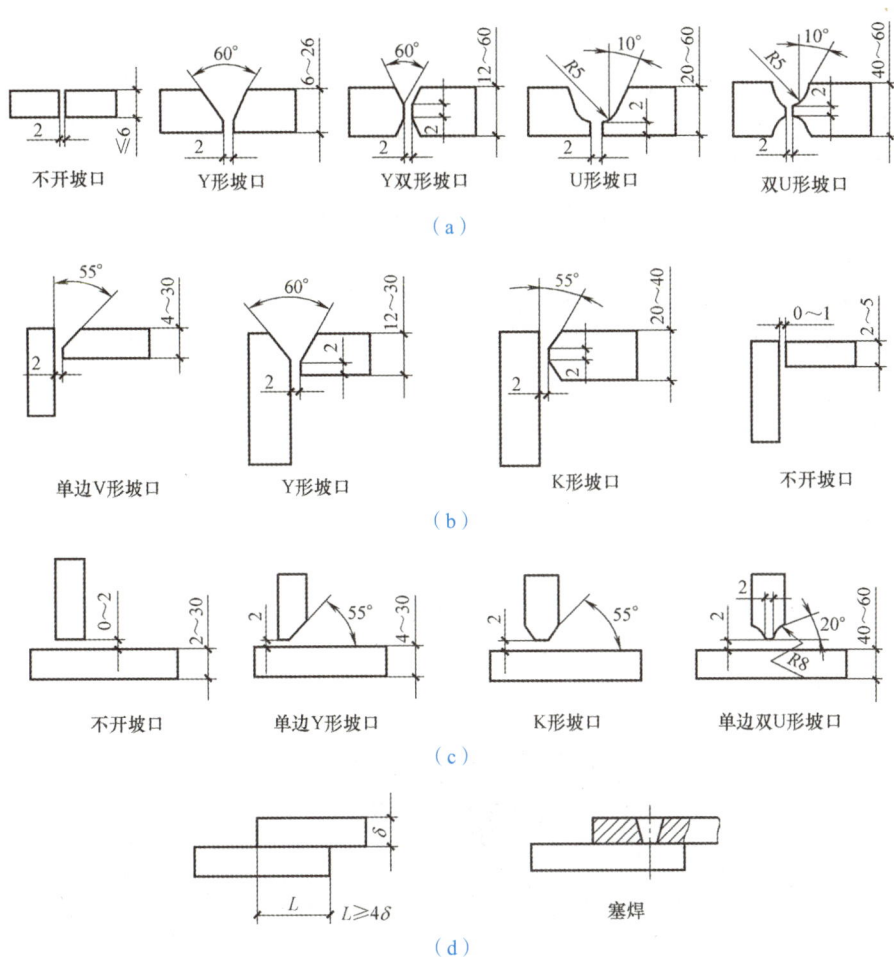

不开坡口　　Y形坡口　　Y双形坡口　　U形坡口　　双U形坡口

（a）

单边V形坡口　　Y形坡口　　K形坡口　　不开坡口

（b）

不开坡口　　单边Y形坡口　　K形坡口　　单边双U形坡口

（c）

塞焊

（d）

图 6-21　各种焊接连接时的坡口形式

（a）对接连接；（b）角部连接；（c）T形连接；（d）搭接连接

1. 钻孔

钻孔是钢结构制造中普遍采用的方法，能用于几乎任何规格的钢板、型钢的孔加工，如图 6-22 所示。

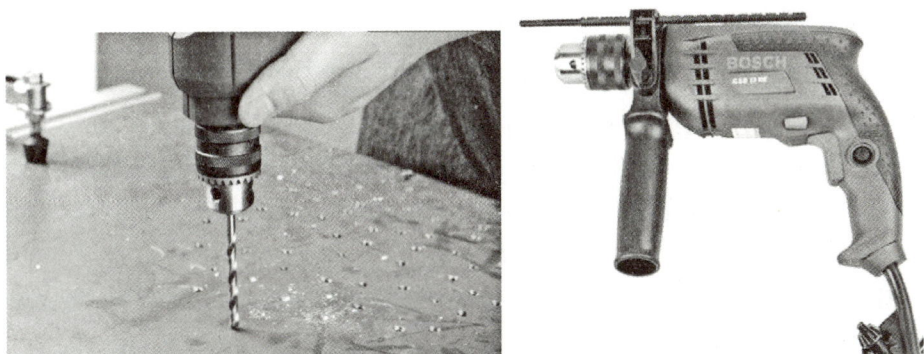

图 6-22　钻孔示意图

钻孔的加工方法分为画线钻孔、钻模钻孔和数控钻孔。

画线钻孔在钻孔前先在构件上划出孔的中心和直径，并在孔中心打样冲眼，作为钻孔时钻头定心用；在孔的圆周上（90°位置）打四只冲眼，作钻孔后检查用。画线工具一般用划针和钢尺。

当钻孔批量大、孔距精度要求较高时，应采用钻模钻孔。钻模有通用型、组合式和专用钻模。

数控钻孔是近年来发展的新技术，它无须在工件上画线，打样冲眼。加工过程自动化，高速数控定位、钻头行程数字控制。钻孔效率高、精度高，它是今后钢结构加工的发展方向。

2. 冲孔

冲孔是在冲孔机（冲床）上进行，一般适用于非圆孔，如图6-23所示。也可用于较薄的钢板和型钢上冲孔，单孔径一般不小于钢材的厚度，此外，还可用于不重要的节点板、垫板和角钢拉撑等小件加工。冲孔生产效率较高，但由于孔的周围产生冷作硬化，孔壁质量较差，有孔口下塌、孔的下方增大的倾向，所以，一般用于对质量要求不高的孔以及预制孔（非成品孔），在钢结构主构件中较少直接采用，如图6-23所示。

图6-23 冲孔示意图

6.2.5 组装

钢结构组装的方法包括地样法、仿形复制装配法、立装法、卧装法、胎模装配法。

1. 地样法：用1：1的比例在装配平台上放出构件实样，然后根据零件在实样上的位置，分别组装起来成为构件。此装配方法适用于桁架、构架等小批量结构的组装。

2. 仿形复制装配法：先用地样法组装成单面（单片）的结构，然后定位点焊牢固，将其翻身，作为复制胎模，在其上面装配另一单面结构，往返两次组装。此装配方法适用于横断面互为对称的桁架结构。

3. 立装法：根据构件的特点及其零件的稳定位置，选择自上而下或自下而上的顺序装配。此装配方法适用于放置平稳，高度不大的结构或者大直径的圆筒。

4. 卧装法：将构件放置于卧的位置进行的装配。此装配方法适用于断面不大，但长度较大的细长构件。

5. 胎模装配法：将构件的零件用胎模定位在其装配位置上的组装方法。此装配方法适用于制造构件批量大、精度高的产品。

拼装必须按工艺要求的次序进行，当有隐蔽焊缝时，必须先予施焊，经检验合格方可覆盖。为减少变形，尽量采用小件组焊，经矫正后再大件组装。钢结构构件组装的允许偏差应符合《钢结构工程施工质量验收标准》GB 50205—2020 中的有关规定。

6.2.6　焊接、摩擦面处理

1. 焊接

焊接方法种类很多，按其工艺过程的特点分为熔焊（包括电弧焊、气焊、电渣焊、铝热焊、激光焊和电子束焊）、压焊（包括锻焊、摩擦焊、电阻焊、超声波焊、扩散焊、高频焊、气压焊、冷压焊、和爆炸焊）及钎焊（火焰钎焊、烙铁钎焊、感应钎焊、电阻钎焊、盐浴钎焊、炉中钎焊）三大类。

用于钢结构连接的焊接方法主要有手工电弧焊、自动或半自动埋弧焊、气体保护焊和电阻焊。

（1）手工电弧焊是最常用的一种焊接方法。通电后，在涂有药皮的焊条和焊件间产生电弧。电弧提供热源，使焊条中的焊丝熔化，滴落在焊件上被电弧所吹成的小凹槽熔池中。由电焊条药皮形成的熔渣和气体覆盖着熔池，防止空气中的氧、氮等气体与熔化的液体金属接触，避免形成脆性易裂的化合物。焊缝金属冷却后把被连接件连成一体。手工电弧焊设备简单，操作灵活方便，适于任意空间位置的焊接，特别适于焊接短焊缝，如图 6-24 所示。

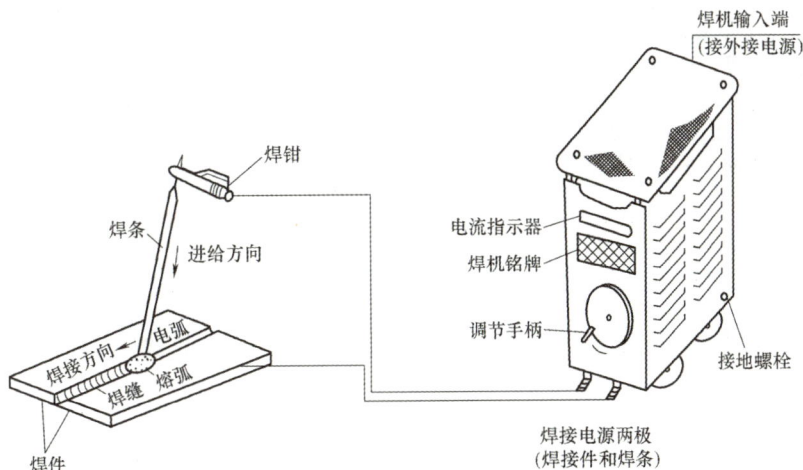

图 6-24　手工电弧焊示意图

（2）埋弧焊是电弧在焊剂层下燃烧的一种电弧焊方法。焊丝送进和焊接方向的移动有专门机构控制的称为埋弧自动电弧焊；焊丝送进有专门机构控制，而焊接方向的移动靠工人操作的称为埋弧半自动电弧焊。电弧焊的焊丝不涂药皮，但施焊端靠由焊剂漏头自动流下的颗粒状焊剂所覆盖，电弧完全被埋在焊剂之内，电弧热量集中，熔深大，适于厚板的焊接，具有很高的生产率。由于采用了自动或半自动化操作，焊接时的工艺条件稳定，焊缝的化学成分均匀，故焊成的焊缝质量好，焊件变形小，如图 6-25 所示。

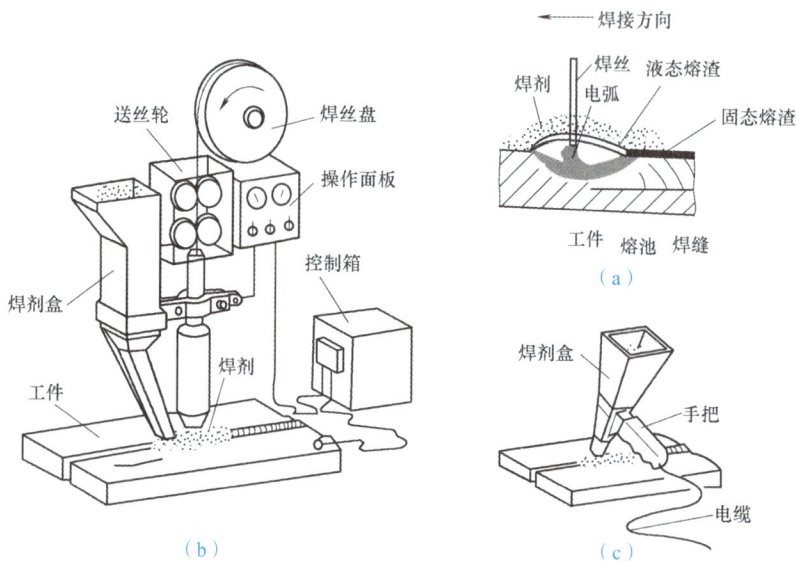

图 6-25　埋弧焊示意图

（3）气体保护焊是利用二氧化碳气体或其他惰性气体作为保护介质的一种电弧熔焊方法。它直接依靠保护气体在电弧周围造成局部的保护层，以防止有害气体的侵入并保证了焊接过程的稳定性，如图 6-26 所示。

图 6-26　气体保护焊示意图

（4）电阻焊是利用电流通过焊件接触点表面的电阻所产生的热量来熔化金属，再通过压力使其焊合。适用于板叠厚度不大于 12mm 的焊接。对冷弯薄壁型钢的焊接，常用电阻点焊（如图 6-27 所示），电阻焊可用来缀合壁厚不超过 3.5mm 的构件，如将两个冷弯槽钢或 C 形钢组合成 I 形截面构件等，焊点应主要承受剪力，其抗拉（撕裂）能力较差。

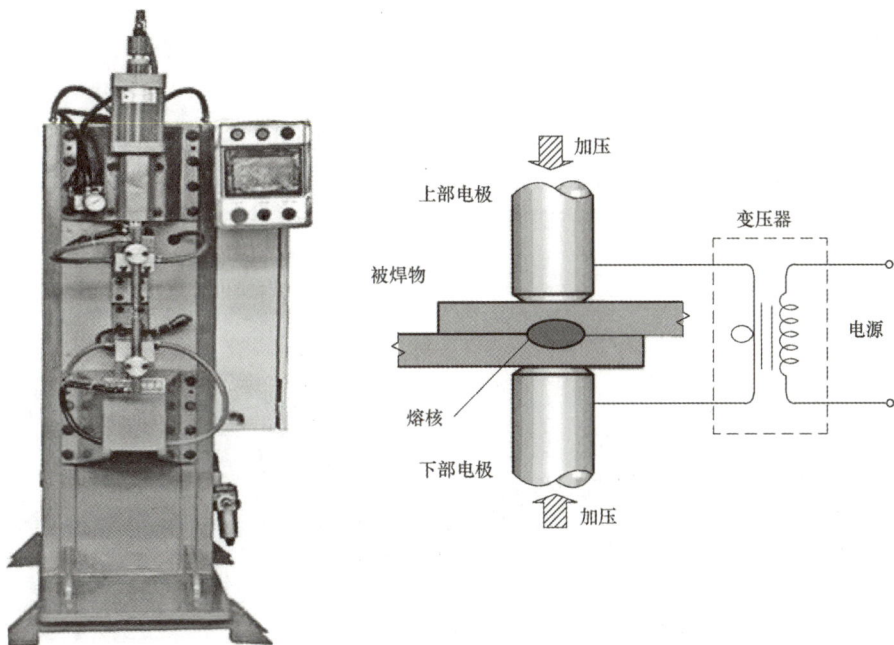

图 6-27　电阻点焊

2. 摩擦面处理

当采用高强度螺栓连接时，应对构件摩擦面进行加工处理。处理后的抗滑移系数应符合设计要求。高强度螺栓连接摩擦面的加工，可采用喷砂（丸）法、砂轮打磨法和人工除锈等方法，经处理的摩擦面应采取防油污和损伤保护措施。

（1）喷砂（丸）法

利用压缩空气为动力，将砂（丸）直接喷射到钢材表面，使钢材表面达到一定的粗糙度，铁锈除掉，经喷砂（丸）后的钢材表面呈铁灰色。

（2）砂轮打磨法

对于小型工程或已有建筑物加固改造工程，常常采用手工方法进行摩擦面处理，砂轮打磨是最直接、最简便的方法。在用砂轮机打磨钢材表面时，砂轮打磨方向垂直于受力方向，打磨范围应为 4 倍螺栓直径。打磨时应注意钢材表面不能有明显的打磨凹坑。

（3）钢丝刷人工除锈

用钢丝刷将摩擦面处的铁磷、浮锈、尘埃、油污等污物刷掉，使钢材表面露出金属光泽，保留原轧制表面，此方法一般用在不重要的结构或受力不大的连接处。

6.2.7 除锈、涂装和编号

1. 除锈

钢结构工程的油漆涂装应在钢结构制作安装验收合格后进行。油漆涂刷前，应采取适当的方法将需要涂装部位的铁锈、焊缝药皮、焊接飞溅物、油污、尘土等杂物清理干净。

基面清理除锈质量的好坏，直接影响到涂层质量的好坏。因此涂装工艺的基面除锈质量等级应符合设计文件的规定要求。钢结构表面除锈方法根据要求不同可采用手工除锈、机械除锈、喷砂除锈等方法，如图6-28所示。除锈应满足下列要求：

（a）

（b）

图6-28 除锈示意图

（a）手工除锈示意图；（b）喷砂除锈示意图

（1）除锈前，构件表面粘附油脂、涂料等污物时，可用低温加热的方法除去，或用适当的有机涂剂（SSPC-SP1）清洗。

（2）构件经预先处理后进行除锈，除锈等级为 Sa2.5 级。

（3）除锈施工由专业喷砂工严格按喷砂操作规程进行。除锈时，施工现场环境湿度大于80%或钢材表面温度低于空气露点温度3℃时，禁止施工。

（4）连接部位高强螺栓的摩擦面必须采用喷砂处理，达到设计要求。摩擦系数

Q235B 钢：≥ 0.45，Q345：≥ 0.5。需在施工现场进行拼焊的或高强螺栓连接的区域，应留出 30～50mm 暂不涂刷，用不粘胶纸保护。

（5）钢构件的喷涂采用高压无气喷涂设备进行，表面处理之后的钢构件应尽快喷涂，涂装之前不允许锈蚀，如有返锈现象，必须再进行表面处理。

2. 涂装

合理的施工方法，对保证涂装质量、施工进度、节约材料和降低成本有很大的作用。常用的涂料施工方法有刷涂法、手工滚涂法、浸涂法、空气喷涂法、雾气喷涂法，如图 6-29 所示。涂装应满足下列要求：

图 6-29　涂装示意图

（1）半成品经专职质检员检查合格并填写自检表及产品入库后，交成品车间进行涂装。

（2）除锈经专检合格后，填写工序交接卡，经专职质量检查员查验后，方可涂刷防锈底漆。

（3）涂装工作环境温度在 5～38℃，相对湿度不应大于 85%，雨天或构件表面有结露及灰尘较大时不得作业，涂装后 4h 内严防雨淋。

（4）设计或施工图标明不涂漆部位及安装焊缝处留 30～50mm 范围暂不涂漆。

（5）当漆膜局部损坏时，应清理损伤的漆膜，并按原涂装工艺进行补涂。

（6）刷涂时应从构件一边按顺序快速连续地刷，不宜反复涂，刷最后一道垂直表面由上到下进行，刷最后一道水平表面，按阳光照射方向进行。

（7）涂刷全部检查验收合格后，应及时按图纸要求标注构件编号。

构件涂装后，应加以临时围护隔离，防止踩踏，损伤涂层；不要接触酸类液体，防止咬伤涂层；需要运输时，应防止磕碰、拖拉损伤涂层。钢构件在运输、存放和安装过程中，对损坏的涂层应进行补涂。一般情况下，工厂制作完后只涂一遍底漆，其他底漆、中间漆、面漆在安装现场吊装前涂装，最后一遍面漆应在安装完成后涂装；也有经安装与制作单位协商，在制作单位完成底漆、中间漆的涂装，但最后一遍面漆仍由安装单位最后完成。不论哪种方式，对损伤处的涂层及安装连接部位均应补涂。

6.3 装配式建筑木构件生产

6.3.1 材料检验

木结构制作与安装需用的木材，必须由供应部门提供合格证明及有关技术文件。木结构所用木材的质量必须严格遵守国家有关的技术标准、规范和设计要求的规定，并按照有关的实验操作规程进行试验，提出准确可靠的数据，确保工程质量。

1. 装配式木结构采用的木材应经工厂加工制作，并应分等分级。木材的力学性能指标、材质要求、材质等级和含水率要求应符合现行国家标准《木结构设计标准》GB 50005—2017 和《胶合木结构技术规范》GB/T 50708—2012 的规定。

2. 装配式木结构用木材及预制木结构构件燃烧性能及耐火极限应符合现行国家标准《建筑设计防火规范》GB 50016—2014（2018 年版）和《多高层木结构建筑技术标准》GB/T 51226—2017 的规定，选用的木材阻燃剂应符合现行国家标准。

3. 用于装配式木结构的防腐木材应采用天然抗白蚁木材、经防腐处理的木材或天然耐久木材。防腐木材和防腐剂应符合现行国家标准《木材防腐剂》GB/T 27654—2011、《防腐木材的使用分类和要求》GB/T 27651—2011、《防腐木材工程应用技术规范》GB 50828—2012 和《木结构工程施工质量验收规范》GB 50206—2012 的规定。

6.3.2 材料矫正

木结构制作工艺中矫正是关键的工序，是确保木结构制作质量重要环节。对于各种型材如变形超标，下料前应以矫正。制作木结构的木材矫正应用平板机、打磨机矫正和人工矫正，矫正后木材表面不应有明显的凹面或损伤，划痕深度不大于 0.5mm。人工矫正木板时，应根据变形情况，确定锤击顺序。层板胶合木和正交胶合木的最外层板不应有松软节和空隙。当对外观有较高要求时，对直径 30mm 的孔洞和宽度大于 3mm、侧边裂缝长度 40～100mm 的缺陷，应采用同质木料进行修补。

6.3.3 放样

放样应以施工图的实际尺寸 1：1 的大样放出有关的节点连接尺寸，作为控制号料、剪切、铣刨、钻孔和组装等的依据。样板上应标记切线、孔径、上下、左右、反正的工作线和加工符号（如铲、刨、钻等），注明规格、数量及编号，标记应细小清晰。放样应在放样平台上进行，平台必须平整稳固。放样平台严禁受外力冲击以免影响平台的水平度。放样时首先应在平台上弹出垂直交叉基线和中心线，依次放出构件各节点的实样。

预制木结构组件制作误差应符合现行国家标准《木结构工程施工质量验收规范》GB 50206—2012 的规定。预制正交胶合木构件的厚度宜小于 500mm，且制作误差应符合表 6-8 的规定。

正交胶合木构件尺寸偏差表 　　　　　表 6-8

类别	允许偏差	类别	允许偏差
厚度 h	≤（1.6mm 与 0.02h 中较大值）	长度 L	≤ 6.4mm
宽度 b	≤ 3.2mm		

6.3.4　加工

木材切割后为保证构件连接接触严密及平整等的加工质量，需要对切割后木材的边缘进行加工，以确保加工的精度。边缘加工的宽度、长度、相邻两边夹角以及加工面表面粗糙度都必须符合《木结构工程施工质量验收规范》GB 50206—2012 的规定。

1. 对预制层板胶合木构件，当层板宽度大于 180mm 时，可在层板底部顺纹开槽；对预制正交胶合木构件，当正交胶合木层板厚度大于 40mm 时，层板宜采用顺纹开槽的措施，开槽深度不应大于层板厚度的 0.9 倍，槽宽不应大于 4mm（如图 6-30 所示），槽间距不应小于 40mm，开槽位置距离层板边沿不应小于 40mm。

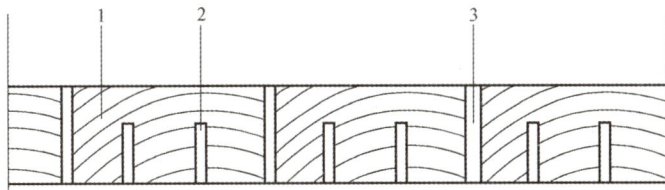

图 6-30　正交胶合木层板刻槽示意
1—木材层板；2—槽口；3—层板间隙

2. 预制木结构构件宜采用数控加工设备进行制作，宜采用铣刀开槽。槽的深度余量不应大于＋5mm，槽的宽度余量不应大于＋1.5mm。

习　　题

1. 简述模具制作加工工序和模具主要类型。
2. 简述模具安装的一般规定。
3. 钢筋连接灌浆套筒按照结构形式分为哪几类？
4. 简述钢筋入模和预埋件的基本要求。

5. 混凝土浇筑时应符合哪些要求？

6. 混凝土预制构件养护方式包括哪几种？

7. 简述钢结构中放样与号料的基本概念。

8. 钢结构中切割包括哪几种？

9. 钢结构组装方法包括哪几种？

10. 钢结构连接的焊接方法主要有哪几种？

教学单元 7

装配式建筑施工技术

【教学目标】通过本部分学习，掌握装配式混凝土建筑施工技术中构件装车码放与运输控制、现场装配准备与吊装、构件灌浆、现浇构件连接、质检与维护等基本内容；掌握装配式钢结构建筑施工技术中构件运输、预埋件复验、构件安装、喷涂面漆、质检与维护等基本内容；掌握装配式木结构建筑施工技术中构件运输、构件组装、构件涂饰、质检与维护等基本内容。

【课程思政】由工程质量问题引发的安全事故时有发生，建筑企业及其从业人员在利益驱使下的行业道德失范是建筑行业诸多问题出现的根本原因。学生是未来的建筑业从业人员，培养学生职业道德素养，加强对建筑业行业规范的认识，养成科学施工、精益求精的职业精神，不仅对提高建筑业从业人员整体职业道德水平和综合素养具有重要作用，也是学生未来职业发展的必然要求。

7.1 装配式混凝土建筑施工技术

7.1.1 构件装车码放与运输控制

混凝土结构
施工图集锦

构件装车码放
与运输虚拟仿
真操作流程

1. 预制构件码放储存

（1）预制构件码放储存通常可采用平面码放和竖向固定码放两种方式。其中需采用竖向固定码放储存的预制构件是墙板构件，如图7-1～图7-6所示。

（2）竖向固定方式码放储存通常采用存储架来固定，固定架有多种方式，可分为固定式码放存储架（如图7-3所示）、模块式码放存储架（如图7-4所示）。模块式码放支架还可以设计成墙板专用码放存储架（如图7-5所示）或集装箱式码放存储架（如图7-6所示）。

图7-1　立式码放存储架

图7-2　斜式码放存储架

图7-3　固定式码放存储架

图7-4　模块式码放存储架

图 7-5   墙板专用码放存储架

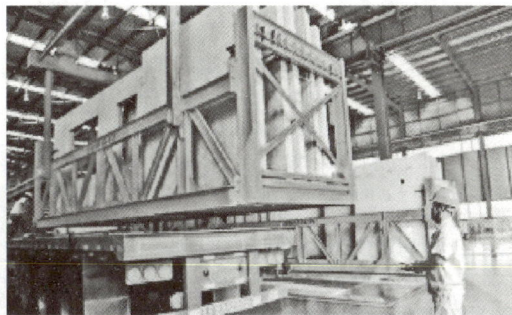

图 7-6   集装箱式码放存储架

（3）预制构件堆放储存应该符合下列规定：堆放场地应该平整、坚实，并且要有排水措施；预制构件堆放应将预埋吊件朝上，标识宜朝向堆垛间的通道；堆放构件时支垫必须坚实；垫木或垫块在构件下的位置宜与脱模、吊装时的起吊位置保持一致；重叠堆放构件时，每层构件间的垫木或垫块应保持在同一垂直线上（上下对齐）；堆垛层数应该根据构件与垫木或垫块的承载能力及堆垛的稳定性来确定，并应根据需要采取防止堆垛倾覆的措施；堆放预应力预制构件时，应该根据预制构件起拱值的大小和堆放时间采取相应的措施。

（4）预制构件的运输应制定运输计划及相关方案，其中包括运输时间、次序、堆放场地、运输线路、固定要求、堆放支垫及成品保护措施等内容。对于超高、超宽、形状特殊的大型构件的运输和堆放应采取专门质量安全保护措施。

2. 预制构件码放要求

（1）当采用靠放架堆放或运输构件时，靠放架应具有足够的承载力和刚度，与地面倾斜角度宜大于 80°；墙板宜对称靠放且外饰面朝外，构件上部宜采用木垫块隔离；运输时构件应采取固定措施。

（2）当采用插放架直立堆放或运输构件时，宜采取直立运输方式；插放架应有足够的承载力和刚度，并应支垫稳固。

（3）采用叠层平放的方式堆放或运输构件时，应采取防止构件产生裂缝的措施。

3. 预制构件运输

预制构件的运输首先应该考虑公路管理部门的要求和运输路线的实际状况，以满足运输安全为前提。装载构件后，货车的总宽度不得超过 2.5m，货车高度不得超过 4.0m，总长度不得超过 15.5m，一般情况下，货车总重量不得超过汽车的允许载重，且不得超过 40t。特殊预制构件经过公路管理部门的批准并采取措施后，货车总宽度不得超过 3.3m，货车总高度不得超过 4.2m，总长度不超过 24m，总载重不得超过 48t。

预制构件的运输可采用低平板半挂车或专用运输车，并根据构件的种类不同而采取不同的固定方式，通过专用运输车运输到工地，运输分为"人"字架运输（斜卧式运输）和立式运输。如图 7-7～图 7-10 所示。

4. 预制构件装车与卸货

（1）运输车辆可采用大吨位卡车或平板拖车。

图 7-7　"人"字架式（斜卧式）运输

图 7-8　立式运输

图 7-9　预制叠合楼板装车

图 7-10　预制叠合楼板运输

（2）在吊装作业时必须明确指挥人员，统一指挥信号。

（3）不同构件应按尺寸分类叠放。

（4）装车时先在车厢底板上做好支撑与减震措施，以防构件在运输途中因震动而受损，如装车时先在车厢底板上铺两根 100mm×100mm 的通长木方，木方上垫 15mm 以上的硬橡胶垫或其他柔性垫。

（5）上下构件之间必须有防滑垫块，上部构件必须绑扎牢固，结构构件必须有防滑支垫。

（6）构件运进场地后，应按规定或编号顺序有序地摆放在规定的位置，场内堆放地必须坚实，防止场地沉降使构件变形。

（7）堆码构件时要码靠稳妥，垫块摆放位置要上下对齐，受力点要在一条线上。

（8）装卸构件时要妥善保护，必要时要采取软质吊具。

（9）随运构件（节点板、零部件）应设标牌，标明构件的名称、编号。

5. 运输安全管理及成品保护

（1）为确保行车安全，应进行运输前的安全技术交底。

（2）在运输中，每行驶一段（50km 左右）路程要停车检查钢构件的稳定和紧固情况，如发现移位、捆扎和防滑垫块松动时，要及时处理。

（3）在运输构件时，根据构件规格、重量选用汽车和吊车，大型货运汽车载物高度从地面起不准超过 4m，宽度不得超出车厢，长度不准超出车身。

（4）封车加固的铁丝，钢丝绳必须保证完好，严禁用已损坏的铁丝、钢丝绳进行捆扎。

（5）构件装车加固时，用铁丝或钢丝绳拉牢紧固，形式应为八字形、倒八字形、交叉捆绑或下压式捆绑。

（6）在运输过程中要对预制构件进行保护，最大限度地消除和避免构件在运输过程中的污染和损坏。重点做好预制楼梯板的成品面防碰撞保护，可采用钉制废旧多层板进行保护。

7.1.2　现场装配准备与吊装

现场装配准备与吊装虚拟仿真操作流程

1. 现场装配准备

（1）起重吊装设备

在装配式混凝土结构工程施工中，要合理选择吊装设备；根据预制构件存放、安装和连接等要求，确定安装使用的机具方案。选择吊装主体结构预制构件的起重机械时，应关注以下事项：起重量、作业半径（最大半径和最小半径），力矩应满足最大预制构件组装作业要求，起重机械的最大起重量不宜低于 10t，塔式起重机应具有安装和拆卸空间，轮式或履带式起重设备应具有移动式作业空间和拆卸空间，起重机械的提升或下降速度应满足预制构件安装和调整要求。

1）汽车起重机

汽车起重机是以汽车为底盘的动臂起重机，主要优点为机动灵活。在装配式建筑工程中，主要是用于低层钢结构吊装、外墙挂板吊装、叠合楼板吊装及楼梯、阳台、雨篷等构件吊装，如图 7-11 所示。

图 7-11　汽车起重机

2）履带式起重机

履带式起重机是一种动臂起重机，其动臂可以加长，起重量大并在起重力矩允许的情况下可以吊重行走。在装配式结构建筑工程中，主要是针对大型公共建筑的大型预制构件的装卸和吊装、大型塔式起重机的安装与拆卸、塔式起重机难以覆盖的吊装死角的吊装等，如图 7-12 所示。

图 7-12　履带式起重机

3）塔式起重机

目前，用于建筑工程的塔式起重机按架设方式分为固定式、附着式、内爬式，如图 7-13 所示。

4）施工电梯

施工电梯又叫施工升降机，是建筑中经常使用的载人载货施工机械，它的吊笼装在井架外侧，沿齿条式轨道升降，附着在外墙或其他建筑物结构上，由于其独特的箱体结构使其乘坐起来既舒适又安全。施工电梯可载重货物 1.0～1.2t，亦可容纳 12～15 人，其高度随着建筑物主体结构施工而接高，可达 100m。它特别适用于高层建筑，也可用于高大建筑、多层厂房和一般楼房施工中的垂直运输。在工地上通常是配合起重机使用，如图 7-14 所示。

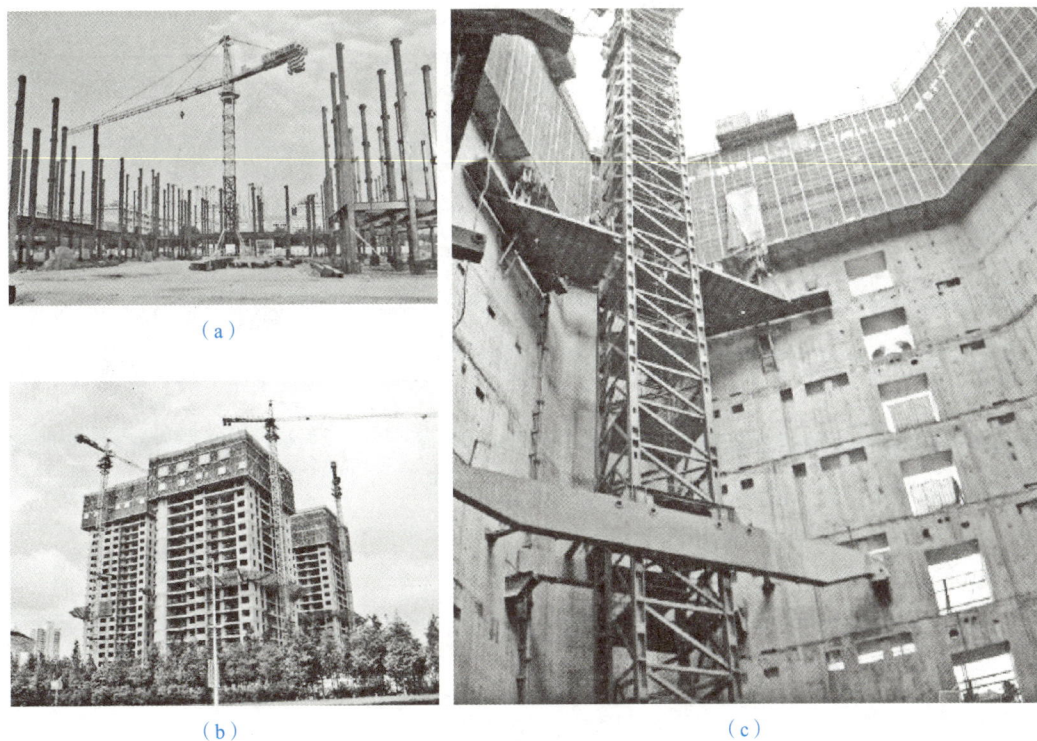

（a）

（b）

（c）

图 7-13　塔式起重机

（a）固定式；（b）附着式；（c）内爬式

图 7-14　施工电梯

（2）吊具

预制混凝土构件常用到的吊具主要有起吊扁担、专用吊件、手拉葫芦。

1）起吊扁担，如图7-15所示。

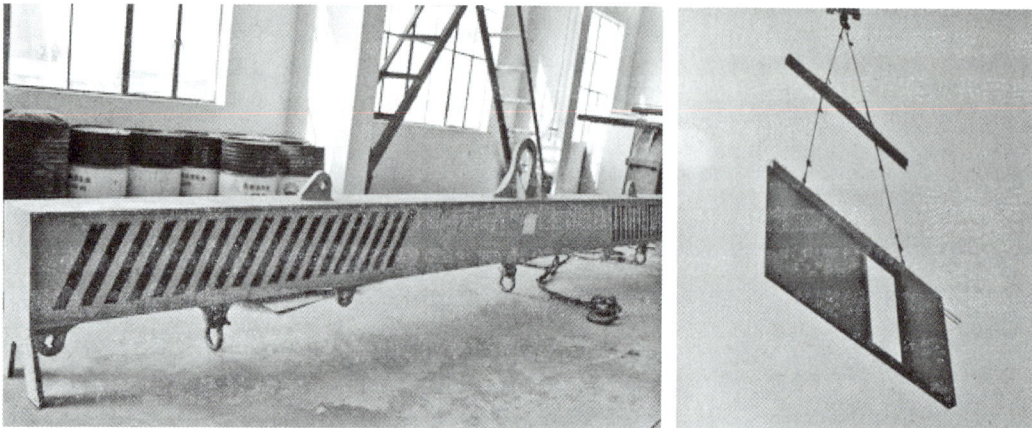

图7-15　起吊扁担

用途：起吊、安装过程平衡构件受力。

主要材料：20号槽钢、15～20厚钢板。

2）专用吊件，如图7-16所示。

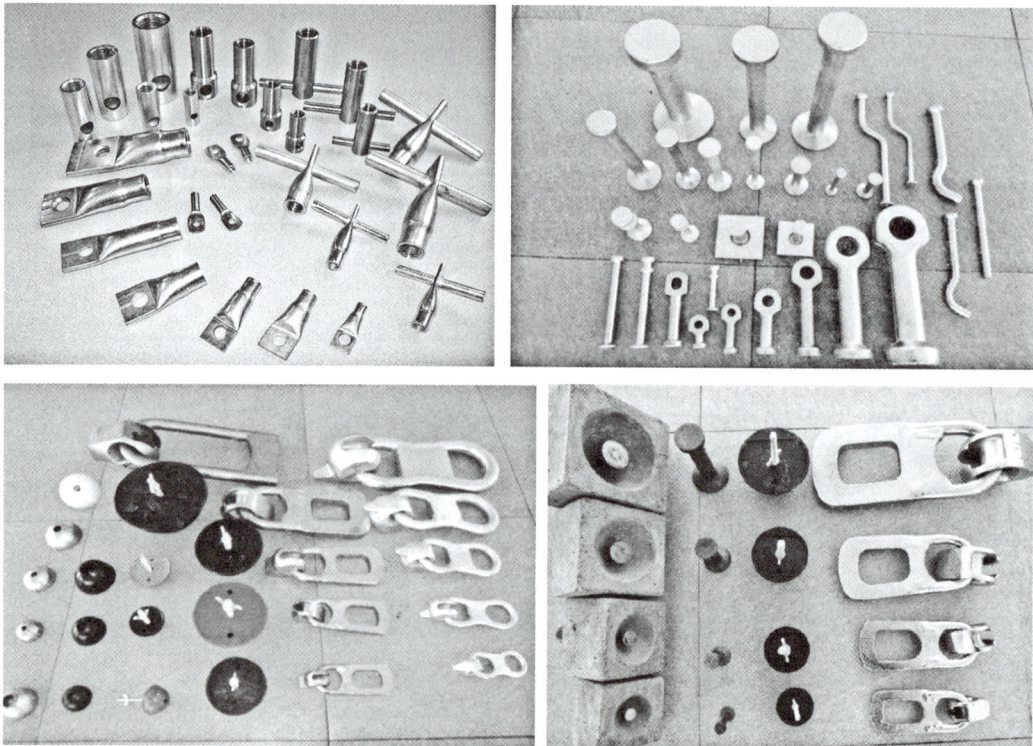

图7-16　专用吊件（一）

图 7-16　专用吊件（二）

吊件用途：受力主要机械、联系构件与起重机械之间受力。

主要材料：根据图纸规格可在市场上采购。

3）手拉葫芦，如图 7-17 所示。

用途：调节起吊过程中水平。

主要材料：自行采购即可。

（3）预制构件进场验收

1）预制构件进场首先检查构件合格证并附构件出厂混凝土同条件抗压强度报告。

2）预制构件进场检查构件标识是否准确、齐全。

① 型号标识：类别、连接方式、混凝土强度等级、尺寸。

② 安装标识：构件位置、连接位置。

3）预制构件进场质量验收如图 7-18 所示。

图 7-17　手拉葫芦

2. 预制构件吊装施工

（1）预制框架柱吊装施工

预制框架柱吊装施工流程：预制框架柱进场、验收→按图纸要求放线→安装吊具→预制框架柱扶直→预制框架柱吊装→预留钢筋就位→水平调整、竖向校正→安放斜支撑固定→摘钩。预制框架柱吊装如图 7-19 所示。

（2）预制混凝土剪力墙吊装施工

预制剪力墙吊装施工流程：预制剪力墙进场、验收→按图纸要求放线→安装吊具→预制剪力墙扶直→预制剪力墙吊装→预留钢筋插入就位→水平调整、竖向校正→安放斜支撑固定→摘钩。预制剪力墙吊装如图 7-20～图 7-22 所示。

（3）预制混凝土外墙挂板吊装施工

预制混凝土外墙挂板吊装施工流程：预制墙板进场、验收→放线→安装固定件→安装预制挂板→缝隙处理→安装完毕。预制混凝土外墙挂板吊装如图 7-23 所示。

（a）

（b）

164

（c）

（d）

图 7-18　预制构件进场质量验收示意图

（a）墙板对角尺寸验收；（b）墙板高度验收；（c）墙板门窗洞口尺寸验收；（d）墙板平整度验收

图 7-19　预制框架柱吊装示意图

图 7-20 预制墙板吊装示意图

图 7-21 预制剪力墙对位安装

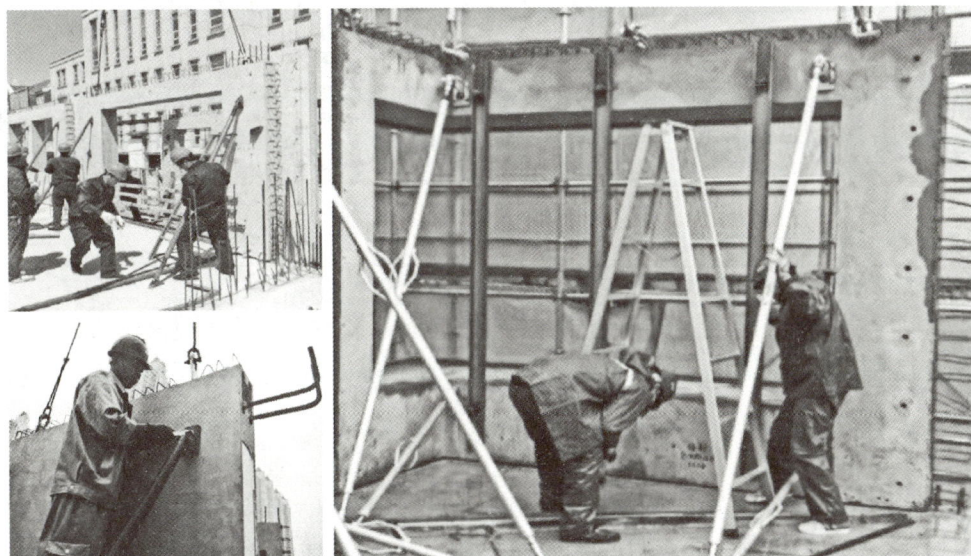

图 7-22 安放斜撑

图 7-23　预制混凝土外墙挂板吊装示意图

（4）预制混凝土梁吊装施工

预制框架梁吊装施工流程：预制框架梁进场、验收→按图纸要求放线（梁搁柱头边线）→设置梁底支撑→拉设安全绳→预制梁起吊→预制梁就位安放→微调控位→摘钩。预制框架梁吊装如图 7-24 所示。

图 7-24　预制框架梁吊装示意图

（5）预制叠合楼板吊装施工

预制叠合楼板吊装施工流程：预制叠合板进场、验收→放线（板搁梁边线）→搭设叠合板底支撑→预制叠合板吊装→预制叠合板就位→预制叠合板微调定位→摘钩。预制叠合楼板吊装如图 7-25～图 7-27 所示。

（6）预制混凝土楼梯吊装施工

预制混凝土楼梯吊装施工流程：预制楼梯进场、验收→放线→预制楼梯吊装→预制楼梯安装就位→预制楼梯微调定位→吊具拆除。预制楼梯吊装如图 7-28 所示。

图 7-25　预制叠合楼板吊装示意图

图 7-26　叠合板跨中加设支撑示意图

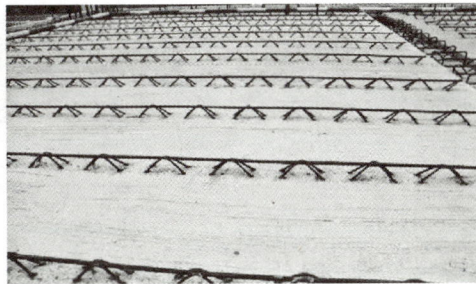

图 7-27　叠合板吊装完成示意图

图 7-28　预制楼梯吊装示意图

7.1.3　构件灌浆

钢筋灌浆套筒连接是在金属套筒内灌注水泥基浆料，将钢筋对接连接所形成的机械连接接头，如图7-29所示。

图 7-29　钢筋灌浆套筒连接

1. 钢筋灌浆套筒接头组成

钢筋灌浆套筒接头由带肋钢筋、套筒和灌浆料三个部分组成，如图7-30所示。

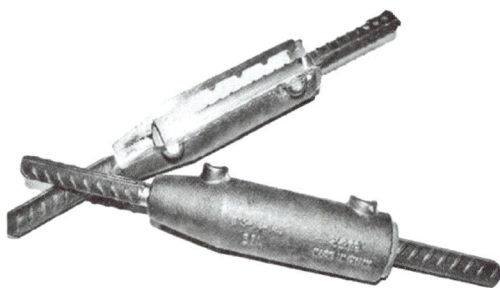

图 7-30　钢筋灌浆套筒接头组成

（1）灌浆套筒适用直径 $\phi12\sim\phi40$ 的热轧带肋或余热处理钢筋。

（2）灌浆套筒分为全灌浆套筒和半灌浆套筒，全灌浆套筒接头两端均采用灌浆方式连接钢筋，适用于竖向构件（墙、柱）和横向构件（梁）的钢筋连接；半灌浆套筒接头一端采用灌浆方式连接，另一端采用非灌浆方式（通常采用螺纹连接）连接钢筋，主要适用于竖向构件（墙、柱）的连接。如图7-31、图7-32所示。

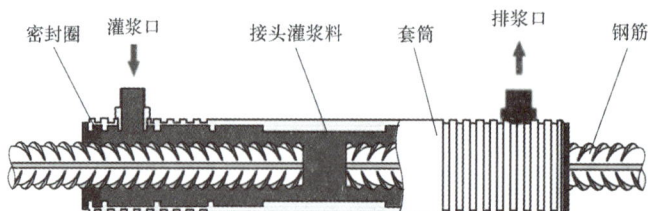

密封圈　灌浆口　　　接头灌浆料　套筒　　排浆口　　钢筋

图 7-31　全灌浆套筒

2. 灌浆设备

灌浆设备包括泵管挤压灌浆泵、螺杆灌浆泵、气动灌浆器和按压式灌浆枪等，如图 7-33 所示。

3. 竖向构件灌浆套筒连接

（1）竖向构件钢筋灌浆套筒连接原理

带肋钢筋插入套筒，向套筒内灌注无收缩或微膨胀的水泥基灌浆料，充满套筒与钢筋之间的间隙，灌浆料硬化后与钢筋的横肋和套筒内壁凹槽或凸肋紧密齿合，钢筋连接后所受外力能够有效传递。实际应用在竖向预制构件时，通常将灌浆连接套筒现场连接端固定在构件下端部模板上，另一端即预埋端的孔口安装密封圈，构件内预埋的连接钢筋穿过密封圈插入灌浆连接套筒的预埋端，套筒两端侧壁上灌浆孔和出浆孔分别引出两条灌浆管和出浆管连通至构件外表面，预制构件成型后，套筒下端为连接另一构件钢筋的灌浆连接端。构件在现场安装时，将另一构件的连接钢筋全部插入该构件上对应的灌浆连接套筒内，从构件下部各个套筒的灌浆孔向各个套筒内灌注高强灌浆料，至灌浆料充满套筒与连接钢筋的间隙从所有套筒上部出浆孔流出，灌浆料凝固后，即形成钢筋套筒灌浆接头，而完成两个构件之间的钢筋连接。

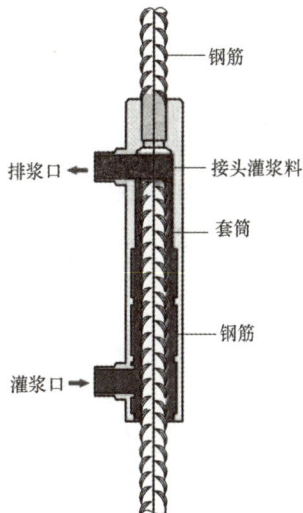

图 7-32　半灌浆套筒

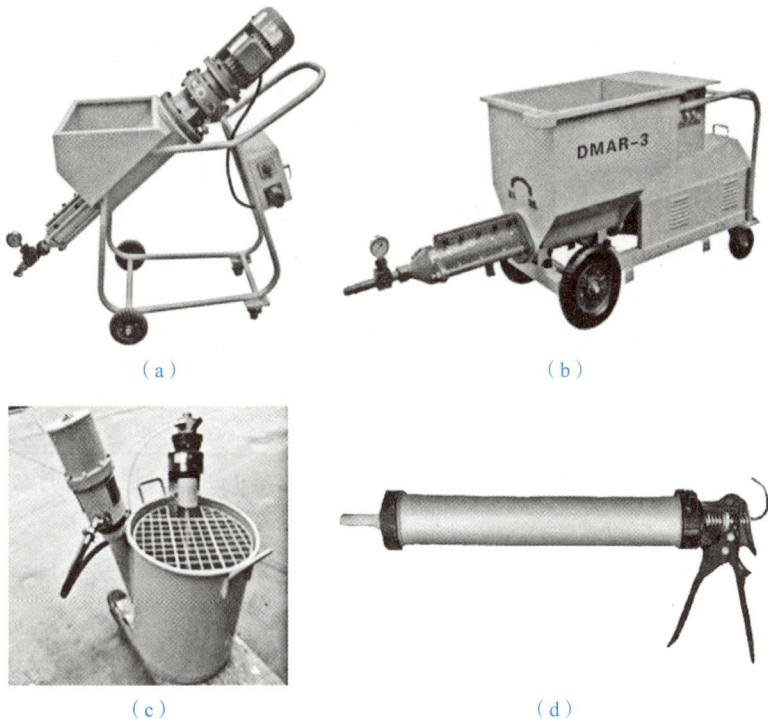

（a）

（b）

（c）

（d）

图 7-33　灌浆设备种类

（a）泵管挤压灌浆泵；（b）螺杆灌浆泵；（c）气动灌浆器；（d）按压式灌浆枪

（2）竖向构件钢筋灌浆套筒连接工艺

钢筋套筒灌浆连接分2个阶段进行，第1阶段在预制构件加工厂，第2阶段在结构安装现场。预制剪力墙、柱在工厂预制加工阶段，是将一端钢筋与套筒进行连接或预安装，再与构件的钢筋结构中其他钢筋连接固定，套筒侧壁接灌浆、排浆管引到构件模板外，然后浇筑混凝土，将连接钢筋、套筒预埋在构件内。其连接钢筋和套筒的布置如图7-34所示。

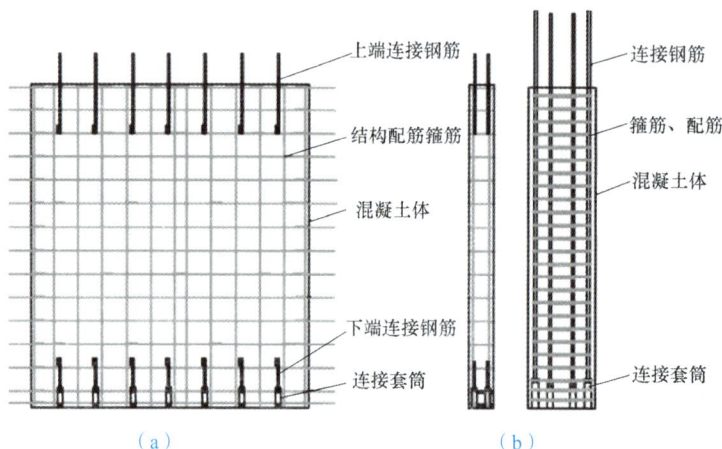

图 7-34　剪力墙、柱接头及布筋示意图
（a）剪力墙；（b）柱

（3）竖向构件灌浆施工方法

竖向钢筋套筒灌浆连接，灌浆应采用压浆法从灌浆套筒下方灌浆孔注入，当灌浆料从构件上本套筒和其他套筒的灌浆孔、出浆孔流出后应及时封堵。

竖向构件宜采用联通腔灌浆，并合理划分联通灌浆区域，每个区域除预留灌浆孔、出浆孔与排气孔（有些需要设置排气孔）外，应形成密闭空腔，且保证灌浆压力下不漏浆；连通灌浆区域内任意两个灌浆套筒间距不宜超过1.5m。采用连通腔灌浆方式时，灌浆施工前应对各连通灌浆区域进行封堵，且封堵材料不应减小结合面的设计面积。竖向钢筋套筒灌浆连接用连通腔工艺灌浆时，采用一点灌浆的方式，即用灌浆泵从接头下方的一个灌浆孔处向套筒内压力灌浆，在该构件灌注完成之前不得更换灌浆孔，且需连续灌注，不得断料，严禁从出浆孔进行灌浆。当一点灌浆遇到问题而需要改变灌浆点时，各套筒已封堵灌浆孔、出浆孔应重新打开，待灌浆料拌合物再次流出后进行封堵。

竖向预制构件不采用联通腔灌浆方式时，构件就位前应设置坐浆层或套筒下端密封装置。

4. 水平构件灌浆套筒连接

（1）水平构件钢筋灌浆套筒连接原理

钢筋灌浆套筒连接是将带肋钢筋插入套筒，向套筒内灌注无收缩或微膨胀的水泥基灌浆料，充满套筒与钢筋之间的间隙，灌浆料硬化后与钢筋的横肋和套筒内壁凹槽或凸肋紧密啮合，即实现两根钢筋连接后所受外力能够有效传递。

套筒灌浆连接水平钢筋时，事先将灌浆套筒安装在一端钢筋上，两端连接钢筋就位后，将套筒从一端钢筋移动到两根钢筋中部，两端钢筋均插入套筒达到规定的深度，再从套筒侧壁通过灌浆孔注入灌浆料，至灌浆料从出浆孔流出，灌浆料充满套筒内壁与钢筋的间隙，灌浆料凝固后即将两根水平钢筋连接在一起。

（2）水平构件钢筋灌浆套筒连接工艺

预制梁在工厂预制加工阶段只预埋连接钢筋。在结构安装阶段，连接预制梁时，套筒套在两构件的连接钢筋上，向每个套筒内灌灌浆料后并静置到浆料硬化，梁的钢筋连接即结束。

（3）水平构件灌浆施工方法

钢筋水平连接时，应采用全灌浆套筒连接，灌浆套筒各自独立灌浆。水平钢筋套筒灌浆连接，灌浆作业应采用压浆法从灌浆套筒一侧灌浆孔注入，当拌合物在另一侧出浆孔流出时应停止灌浆。套筒灌浆孔、出浆孔应朝上，保证灌满后浆面高于套筒内壁最高点。如图7-35所示。

（a）　　　　　　　　　　（b）

图7-35　水平构件灌浆连接

（a）预制梁钢筋灌浆套筒连接；（b）水平构件灌浆

7.1.4　现浇构件连接

1. 装配整体式混凝土结构后浇混凝土模板及支撑要求

（1）装配整体式混凝土结构的模板与支撑应根据施工过程中的各种工况进行设计，应具有足够的承载力、刚度，并应保证其整体稳固性。

现浇连接虚拟仿真操作流程

装配整体式混凝土结构的模板与支撑应根据工程结构形式、预制构件类型、荷载大小、施工设备和材料供应等条件确定，此处所要求的各种工况应由施工单位根据工程具体情况确定，以确保模板与支撑稳固可靠。

（2）模板与支撑安装应保证工程结构的构件各部分形状、尺寸和位置的准确，模板安装应牢固、严密、不漏浆，且应便于钢筋敷设和混凝土浇筑、养护。

（3）预制构件接缝处宜采用与预制构件可靠连接的定型模板。定型模板与预制构件之间应粘贴密封条，在混凝土浇筑时节点处模板不应产生明显变形和漏浆。

预制构件宜预留与模板连接用的孔洞、螺栓，预留位置应与模板模数相协调并便于模板安装。预制墙板现浇节点区的模板支设是施工的重点，为了保证节点区模板支设的可靠性，通常采用在预制构件上预留螺母、孔洞等连接方式，施工单位应根据节点区选用的模板形式，将构件预埋与模板固定相协调。

（4）模板宜采用水性脱模剂。脱模剂应能有效减小混凝土与模板间的吸附力，并应有一定的成膜强度，且不应影响脱模后混凝土表面的后期装饰。

（5）模板与支撑安装

1）安装预制墙板、预制柱等竖向构件时，应采用可调斜支撑临时固定；斜支撑的位置应避免与模板支架、相邻支撑冲突。

2）夹心保温外墙板竖缝采用后浇混凝土连接时，宜采用工具式定型模板支撑，并应符合下列规定：

① 定型模板应通过螺栓或预留孔洞拉结的方式与预制构件可靠连接；

② 定型模板安装应避免遮挡预制墙板下部灌浆预留孔洞；

③ 夹芯墙板的外叶板应采用螺栓拉结或夹板等加强固定；

④ 墙板接缝部位及与定型模板连接处均应采取可靠的密封防漏浆措施；

⑤ 对夹心保温外墙板拼接竖缝节点后浇混凝土采用定型模板作了规定（如图7-36所示），通过在模板与预制构件、预制构件与预制构件之间采取可靠的密封防漏措施，使后浇混凝土与预制混凝土相接表面平整度符合验收要求。

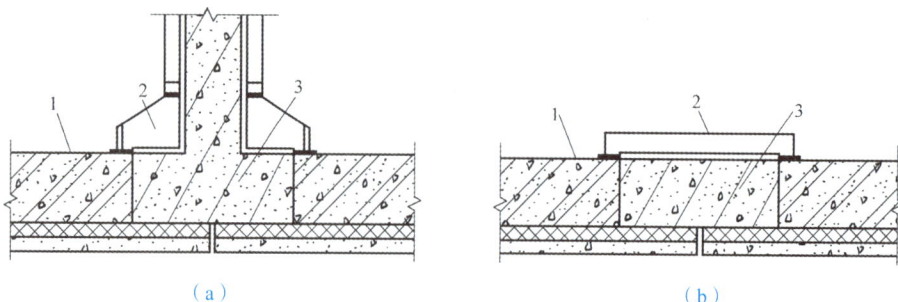

（a）   （b）

图7-36　夹心保温外墙板拼接竖缝示意图
（a）"T"形节点；（b）"一"形节点
1—夹心保温外墙板；2—定型模板；3—后浇混凝土

3）采用预制保温作为免拆除外墙模板进行支模时，预制外墙模板的尺寸参数及与相邻外墙板之间拼缝宽度应符合设计要求。安装时与内侧模板或相邻构件应连接牢固并采取可靠的密封防漏浆措施。预制梁柱节点区域后浇筑混凝土部分采用定型模板支模时，宜采用螺栓与预制构件可靠连接固定，模板与预制构件之间应采取可靠的密封防漏浆措施。

当采用预制外墙板模板时（如图 7-37 所示），应符合建筑与结构设计的要求，以保证预制外墙板符合外墙装饰要求并在使用过程中结构安全可靠。预制外墙板模板与相邻预制构件安装定位后，为防止浇筑混凝土时漏浆，需要采取有效的密封措施。

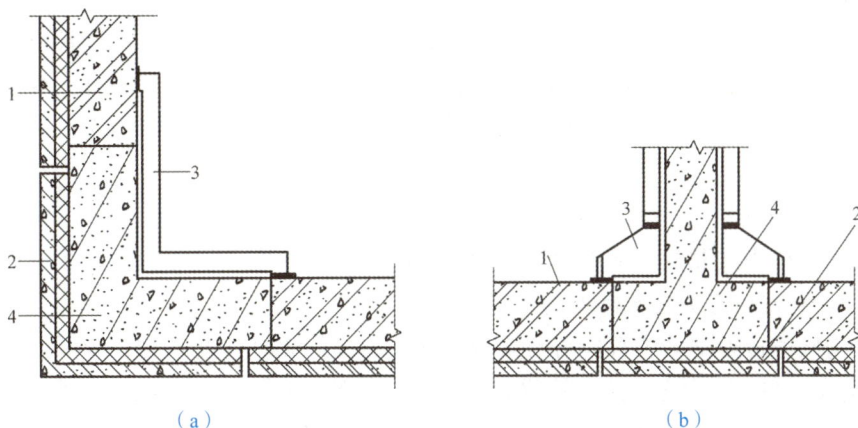

图 7-37　预制外墙板模板拼接竖缝节点
（a）"L"形节点；（b）"T"形节点
1—夹心保温外墙板；2—预制外墙模板；3—定型模板；4—后浇混凝土

（6）模板与支撑拆除

1）模板拆除时，可采取先拆非承重模板、后拆承重模板的顺序。水平结构模板应由跨中向两端拆除，竖向结构模板应自上而下进行拆除；多个楼层间连续支模的底层支架拆除时间，应根据连续支模的楼层间荷载分配和后浇混凝土强度的增长情况确定；当后浇混凝土强度能保证构件表面及棱角不受损伤时，方可拆除侧模模板。

2）叠合构件的后浇混凝土同条件立方体抗压强度达到设计要求时，方可拆除龙骨及下一层支撑。

3）预制墙板斜支撑和限位装置应在连接节点和连接接缝部位后浇混凝土或灌浆料强度达到设计要求后拆除；当设计无具体要求时，后浇混凝土或灌浆料应达到设计强度的 75% 以上方可拆除。

4）预制柱斜支撑应在预制柱与连接节点部位后浇混凝土或灌浆料强度达到设计要求，且上部构件吊装完成后进行拆除。

5）拆除的模板和支撑应分散堆放并及时清运，应采取措施避免施工集中堆载。

2. 装配整体式混凝土结构后浇混凝土的钢筋要求

（1）钢筋连接

1）预制构件的钢筋连接可选用钢筋套筒灌浆连接接头。采用直螺纹钢筋灌浆套筒时，钢筋的直螺纹连接部分应符合现行行业标准《钢筋机械连接技术规程》JGJ 107—2016 的规定；钢筋套筒灌浆连接部分应符合设计要求及建筑工业行业标准《钢筋连接用灌浆套筒》JG/T 398—2012 和《钢筋连接用套筒灌浆料》JG/T 408—2013 的规定。

2）钢筋连接如果采用钢筋焊接连接，接头应符合现行行业标准《钢筋焊接及验收规程》JGJ 18—2012 的有关规定；如果采用钢筋机械连接，接头应符合现行行业标准《钢筋机械连接技术规程》JGJ 107—2016 的有关规定，机械连接接头部位的混凝土保护层厚度宜符合现行国家标准《混凝土结构设计规范》GB 50010—2010（2015 年版）中受力钢筋的混凝土保护层最小厚度的规定，且不得小于 15mm；接头之间的横向净距不宜小于 25mm；当钢筋采用弯钩或机械锚固措施时，钢筋锚固端的锚固长度应符合现行国家标准《混凝土结构设计规范》GB 50010—2010（2015 年版）的有关规定；采用钢筋锚固板时，应符合现行行业标准《钢筋锚固板应用技术规程》JGJ 256—2011 的有关规定。

（2）钢筋定位

1）装配整体式混凝土结构后浇混凝土内的连接钢筋应埋设准确，连接与锚固方式应符合设计和现行有关技术标准的规定。

2）构件连接处钢筋位置应符合设计要求。当设计无具体要求时，应保证主要受力构件和构件中主要受力方向的钢筋位置，并应符合下列规定：① 框架节点处，梁纵向受力钢筋宜置于柱纵向钢筋内侧；② 当主次梁底部标高相同时，次梁下部钢筋应放在主梁下部钢筋之上；③ 剪力墙中水平分布钢筋宜置于竖向钢筋外侧，并在墙端弯折锚固。

3）钢筋套筒灌浆连接接头的预留钢筋应采用专用模具进行定位，并应符合下列规定：① 定位钢筋中心位置存在细微偏差时，宜采用钢套管方式进行细微调整；② 定位钢筋中心位置存在严重偏差影响预制构件安装时，应按设计单位确认的技术方案处理；应采用可靠的绑扎固定措施对连接钢筋的外露长度进行控制。

预留钢筋定位精度对预制构件的安装有重要影响，因此对预埋于现浇混凝土内的预留钢筋采用专用定型钢模具对其中心位置进行控制，采用可靠的绑扎固定措施对连接钢筋的外露长度进行控制。

4）预制构件的外露钢筋应防止弯曲变形，并在预制构件吊装完成后，对其位置进行校核与调整。

3. 装配整体式混凝土结构后浇混凝土要求

（1）装配整体式混凝土结构施工应采用预拌混凝土。预拌混凝土应符合现行相关标准的规定。

（2）装配整体式混凝土结构施工中的结合部位或接缝处混凝土的工作性应符合设计施工规定；当采用自密实混凝土时，应符合现行相关标准的规定。

浇筑混凝土过程中应按规定见证取样留置混凝土试件。同一配合比的混凝土，每工作班且建筑面积不超过 1000m² 应制作一组标准养护试件，同一楼层应制作不少于 3 组标准养护试件。

（3）装配整体式混凝土结构工程在浇筑混凝土前应进行隐蔽项目的现场检查与验收。

174

（4）连接接缝混凝土应连续浇筑，竖向连接接缝可逐层浇筑，混凝土分层浇筑高度应符合现行规范要求；浇筑时应采取保证混凝土浇筑密实的措施；同一连接接缝的混凝土应连续浇筑，并应在底层混凝土初凝之前将上一层混凝土浇筑完毕；预制构件连接节点和连接接缝部位的混凝土应加密振捣点，并适当延长振捣时间；预制构件连接处混凝土浇筑和振捣时，应对模板和支架进行观察和维护，发生异常情况应及时进行处理；构件接缝混凝土浇筑和振捣时应采取措施防止模板、相连接构件、钢筋、预埋件及其定位件的移位。

（5）混凝土浇筑完毕后，应按施工技术方案要求及时采取有效的养护措施，并应符合下列规定：

1）应在浇筑完毕后的 12h 以内对混凝土加以覆盖并养护；

2）浇水次数应能保持混凝土处于湿润状态；

3）采用塑料薄膜覆盖养护的混凝土，其敞露的全部表面应覆盖严密，并应保持塑料薄膜内有凝结水；

4）叠合层及构件连接处后浇混凝土的养护时间不应少于 14d；

5）混凝土强度达到 1.2MPa 前，不得在其上踩踏或安装模板及支架。

注：叠合层及构件连接处混凝土浇筑完成后，可采取洒水、覆膜、喷涂养护剂等养护方式，为保证后浇混凝土的质量，规定养护时间不应少于 14d。

（6）混凝土冬期施工应按《混凝土结构工程施工规范》GB 50666—2011、《建筑工程冬期施工规程》JGJ/T 104—2011 的相关规定执行。

4. 后浇带施工

装配整体式混凝土结构竖向构件安装完成后应及时穿插进行边缘构件后浇带的钢筋和模板施工，并完成后浇混凝土施工。如图 7-38 为安装完成后等待后浇混凝土的预制墙板。

（a）　　　　　　　　　　　　　　　　　（b）

图 7-38　安装完成后等待后浇混凝土的预制墙板

（a）立体示意图；（b）待浇节点详图

（1）钢筋施工

预制墙板连接部位宜先校正水平连接钢筋，后安装箍筋套，待墙体竖向钢筋连接完成后，绑扎箍筋，连接部位加密区的箍筋宜采用封闭箍筋；装配整体式混凝土结构后浇混凝土节点间的钢筋施工除满足本任务前面的相关规定外，还需要注意以下问题：

① 后浇混凝土节点间的钢筋安装做法受操作顺序和空间的限制与常规做法有很大的不同，必须在符合相关规范要求的同时顺应装配整体式混凝土结构的要求。

② 装配混凝土结构预制墙板间竖缝（墙板间混凝土后浇带）的钢筋安装做法按《装配式混凝土结构技术规程》JGJ 1—2014 的要求："……约束边缘构件……宜全部采用后浇混凝土，并且应在后浇段内设置封闭箍筋。"

按《装配式混凝土结构连接节点构造》15G310-1～2 中预制墙板间构件竖缝有加附加连接钢筋的做法，如果竖向分布钢筋按搭接做法预留，封闭箍筋或附加连接（也是封闭）钢筋均无法安装，只能用开口箍筋代替，如图 7-39 所示。

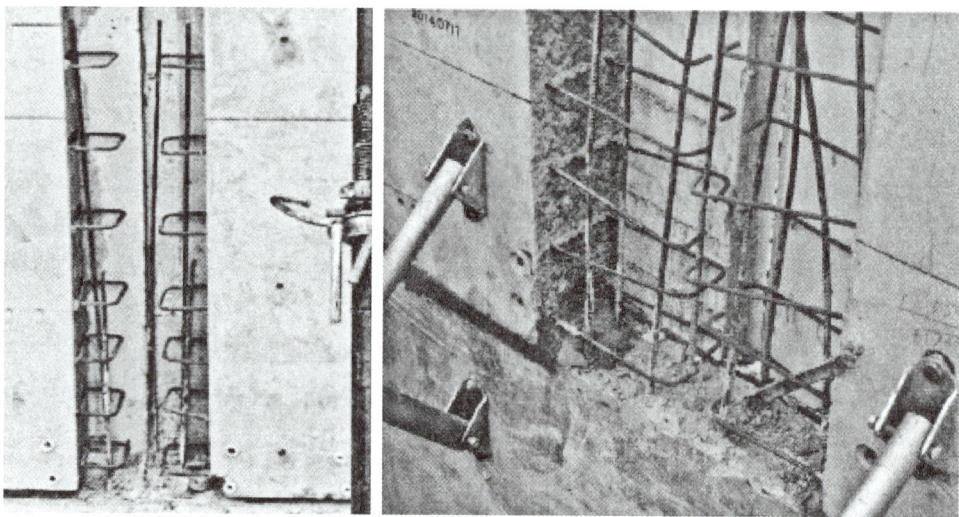

图 7-39　竖缝钢筋需另加箍筋

（2）模板安装

墙板间混凝土后浇带连接宜采用工具式定型模板支撑，除应满足本任务前面的相关规定外，还应符合下列规定：定型模板应通过螺栓（预置内螺母）或预留孔洞拉结的方式与预制构件可靠连接；定型模板安装应避免遮挡预制墙板下部灌浆预留孔洞；夹心墙板的外叶墙板应采用螺栓拉结或夹板等加强固定；墙板接缝部位及与定型模板连接处均应采取可靠的密封防漏浆措施，如图 7-40 所示。

采用预制保温作为免拆除外墙模板（PCF）进行支模时，预制外墙模板的尺寸参数及与相邻外墙板之间拼缝宽度应符合设计要求。安装时与内侧模板或相邻构件应连接牢固并采取可靠的密封防漏浆措施，如图 7-41 所示。

（3）后浇带混凝土施工

后浇带混凝土的浇筑与养护参照本任务前面的相关规定执行。

对预制墙板斜支撑和限位装置，应在连接节点和连接接缝部位后浇混凝土或灌浆料强度达到设计要求后拆除；当设计无具体要求时，后浇混凝土或灌浆料应达到设计强度的 75% 以上方可拆除。

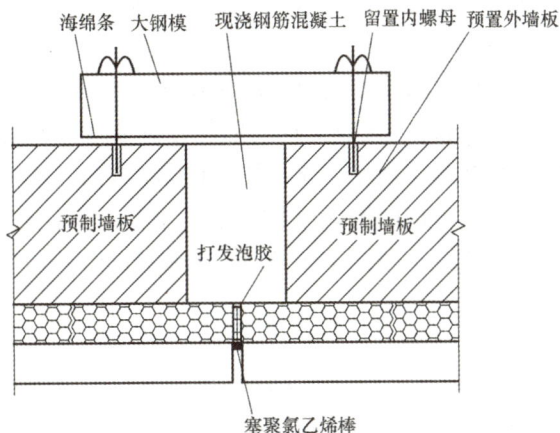

图 7-40 "一"字形墙板间混凝土后浇带模板支设图

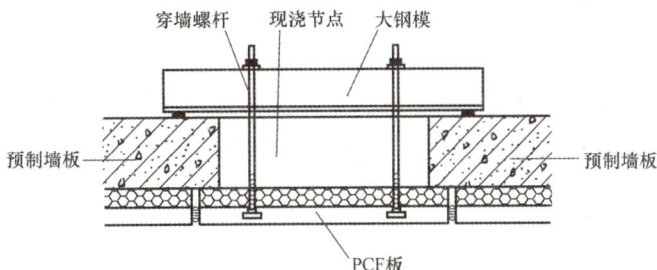

图 7-41 "一"字形后浇混凝土节点采用 PCF 模板支设图

7.1.5 质检与维护

1. 预制构件进场检验

装配式混凝土结构工程施工质量验收应划分为单位工程、分部工程、分项工程、子项工程和检验批进行验收。预制构件进场，使用方应进行进场检验，验收合格并经监理工程师批准后方可使用。

（1）对工厂生产的预制构件，进场时应检查其质量证明文件和表面标识。预制构件的质量、标识应符合设计要求及现行国家相关标准规定。

1）预制构件应具有出厂合格证及相关质量证明文件，应根据不同预制构件类型与特点，分别包括：混凝土强度报告、钢筋复试报告、钢筋套筒灌浆接头复试报告、保温材料复试报告、面砖及石材拉拔试验、结构性能检验报告等相关文件。

2）预制构件生产企业的产品合格证应包括下列内容：合格证编号、构件编号、产品数量、预制构件型号、质量情况、生产企业名称、生产日期、出厂日期、质检员和

177

质量负责人签名等。

3）表面标识通常包括项目名称、构件编号、安装方向、质量合格标志、生产单位等信息，标识应易于识别及使用。

（2）预制构件安装就位后，连接钢筋、套筒或浆锚的主要传力部位不应出现影响结构性能和构件安装施工的尺寸偏差。

对已出现的影响结构性能的尺寸偏差，应由施工单位提出技术处理方案，并经监理（建设）单位认可后进行处理。经过处理的部位，应重新检查验收。

（3）预制构件安装完成后，外观质量不应有影响结构性能的缺陷，且不宜有一般缺陷。对已经出现的影响结构性能的缺陷，应由施工单位提出技术处理方案，并经监理（建设）单位认可后进行处理。对经处理的部位，应重新检查验收。

构件外观
质量判定

2. 预制构件吊装质量检验

（1）预制构件外墙板与构件、配件的连接应牢固可靠。

（2）后浇连接部分的钢筋品种、级别、规格、数量和间距应符合设计要求。

后浇连接部分钢筋的品种、级别、规格、数量和间距对结构的受力性能有重要影响，必须符合设计要求。

（3）承受内力的接头和拼缝，当其混凝土强度未达到设计要求时，不得吊装上一层结构构件；当设计无具体要求时，应在混凝土强度不小于 10MPa 或具有足够的支撑时方可吊装上一层结构构件。对于已安装完毕的装配整体式混凝土结构，应在混凝土强度达到设计要求后，方可承受全部设计荷载。

（4）预制构件与主体结构之间，预制构件和预制构件之间的钢筋接头应符合设计要求。施工前应对接头施工进行工艺检验。

1）采用机械连接时，接头质量应符合现行行业标准《钢筋机械连接技术规程》JGJ 107—2016 的要求；采用灌浆套筒时，接头抗拉强度及残余变形应符合现行行业标准《钢筋机械连接技术规程》JGJ 107—2016 中 I 级接头的要求；采用浆锚搭接连接钢筋浆锚搭接连接接头时，工艺检验应按本任务"知识拓展"中的内容执行。

2）采用焊接连接时，接头质量应符合现行行业标准《钢筋焊接及验收规程》JGJ 18—2012 的要求，检查焊接产生的焊接应力和温差是否造成预制构件出现影响结构性能的质量（如缺陷），对已出现的缺陷，应处理合格再进行混凝土浇筑。

3）钢筋接头对装配整体式混凝土结构受力性能有着重要影响，本条提出对接头质量的控制要求。

（5）钢筋套筒接头灌浆料配合比应符合灌浆工艺及灌浆料使用说明书要求。

（6）装配整体式混凝土结构钢筋套筒连接或浆锚搭接连接灌浆应饱满，所有出浆口均应出浆；采用专用堵头封闭后灌浆料不应有任何外漏。

本条要求验收时对套筒连接或浆锚搭接连接灌浆饱满情况进行检验，通常的检验方式为观察溢流口浆料情况，当出现浆料连续冒出时，可视为灌浆饱满。

（7）施工现场钢筋套筒接头灌浆料应留置同条件养护试块，试块强度应符合《水泥基灌浆材料应用技术规范》GB/T 50448—2015 的规定。

（8）预制构件节点与接缝防水检验

外墙板接缝的防水性能应符合设计要求。

1）预制墙板拼接水平节点钢制模板与预制构件之间、构件与构件之间应粘贴密封条，节点处模板在混凝土浇筑时不应产生明显变形和漏浆。

2）预制构件拼接处防水材料应符合设计要求，并具有合格证及检测报告。与接触面材料进行相容性试验。必要时提供防水密封材料进场复试报告。

3）密封胶打注应饱满、密实、连续、均匀、无气泡，宽度和深度符合要求。

4）预制构件拼缝防水节点基层应符合设计要求。

5）密封胶缝应横平竖直、深浅一致、宽窄均匀、光滑顺直。

6）防水胶带粘贴面积、搭接长度、节点构造应符合设计要求。

3. 现场灌浆施工质量检验

（1）进场材料验收

1）套筒灌浆料型式检验报告

检验报告应符合《钢筋连接用套筒灌浆料》JG/T 408—2013 的要求，同时应符合预制构件内灌浆套筒的接头型式检验报告中灌浆料的强度要求。在灌浆施工前，应提前将灌浆料送指定检测机构进行复验。

2）灌浆套筒进场检验

① 灌浆套筒进场时，应抽取套筒采用与之匹配的灌浆料制作对中连接接头，并进行抗拉强度检验，检验结果应符合《钢筋机械连接技术规程》JGJ 107—2016 中 I 级接头对抗拉强度的要求。

其中质量证明文件包括灌浆套筒、灌浆料的产品合格证、产品说明书、出厂检验报告（含材料力学性能报告）。试件制作同型式检验试件制作，灌浆料应采用有效型式检验报告匹配的灌浆料。考虑到套筒灌浆连接接头无法在施工过程中截取抽检，故增加了灌浆套筒进场时的抽检要求，以防止不合格灌浆套筒在工程中的应用。对于进入预制构件的灌浆套筒，此项工作应在灌浆套筒进入预制构件生产企业时进行。

② 灌浆套筒进场时，应抽取试件检验外观质量和尺寸偏差，检验结果应符合现行建筑工业行业标准《钢筋连接用灌浆套筒》JG/T 398—2012 的有关规定。

3）灌浆料进场检验

此项检验主要对灌浆料拌合物（按比例加水制成的浆料）30min 流动度、泌水率、1d 抗压强度、28d 抗压强度、3h 竖向膨胀率、24h 与 3h 竖向膨胀率差值进行检验。检验结果应符合《钢筋连接用套筒灌浆料》JG/T 408—2013 的有关规定。

（2）构件专项检验

此项检验主要检查灌浆套筒内腔和灌浆、出浆管路是否通畅，保证后续灌浆作业顺利。检查要点包括：

1）用气泵或钢棒检测灌浆套筒内有无异物，管路是否通畅。

2）确定各个进、出浆管孔与各个灌浆套筒的对应关系。

3）了解构件连接面实际情况和构造，为制定施工方案做准备。

4）确认构件另一端面伸出连接钢筋长度符合设计要求。

5）对发现问题构件提前进行修理，达到可用状态。

（3）套筒灌浆施工质量检验

1）抗压强度检验

施工现场灌浆施工中，需要检验灌浆料的28d抗压强度符合设计要求并应符合《钢筋连接用套筒灌浆料》JG/T 408—2013有关规定。用于检验抗压强度的灌浆料试件应在施工现场制作、实验室条件下标准养护。

2）灌浆料充盈度检验

灌浆料凝固后，对灌浆接头100%进行外观检查。检查项目包括灌浆、排浆孔口内灌浆料充满状态。取下灌排浆孔封堵胶塞，检查孔内凝固的灌浆料上表面应高于排浆孔下缘5mm以上。

3）灌浆接头抗拉强度检验

如果在构件厂检验灌浆套筒抗拉强度时，采用的灌浆料与现场所用一样，试件制作也是模拟施工条件，那么该项试验就不需要再做。

4）施工过程检验

采用套筒灌浆连接时，应检查套筒中连接钢筋的位置和长度满足设计要求，套筒和灌浆材料应采用经同一厂家认证的配套产品，套筒灌浆施工尚应符合以下规定：

① 灌浆前应制定套筒灌浆操作的专项质量保证措施，被连接钢筋偏离套筒中心线偏移不超过5mm，灌浆操作全过程应有人员旁站监督施工。

② 灌浆料应由经培训合格的专业人员按配置要求计量灌浆材料和水的用量，经搅拌均匀后测定其流动度满足设计要求后方可灌注。

③ 浆料应在制备后半小时内用完，灌浆作业应采取压浆法从下口灌注，当浆料从上口流出时应及时封堵，持压30s后再封堵下口。

④ 冬期施工时环境温度应在5℃以上，并应对连接处采取加热保温措施，保证浆料在48h凝结硬化过程中连接部位温度不低于10℃。

4. 成品保护

（1）预制构件在运输、存放、安装施工过程中及装配后应采取有效措施做好成品保护。预制构件存放处2m范围内不应进行电焊、气焊作业。

（2）预制构件暴露在空气中的预埋铁件应涂防锈漆，防止产生锈蚀。预埋螺栓孔应采用海绵棒进行填塞，防止混凝土浇筑时将其堵塞。

（3）预制外墙板安装完毕后，墙板内预置的门、窗框使用槽形木框保护。

（4）构件安装完成后，竖向构件阳角、楼梯踏步口宜采用木条或其他覆盖形式进行保护。

7.2 装配式钢结构建筑施工技术

7.2.1 构件运输与堆放

1. 构件运输

（1）运输构件的单件重量超过 3t 的，宜在易见部位用油漆标上重量及重心位置的标志，以免在装车、卸车和起吊过程中损坏构件；节点板、高强度螺栓连接面等重要部分要有适当的保护措施，零星的部件等都要按同一类别用螺栓和钢丝紧固成束或包装发运。

（2）大型或重型构件的运输应根据行车路线、运输车辆的性能、码头状况、运输船只来编制运输方案。在运输方案中要着重考虑吊装工程的堆放条件、工期要求编制构件的运输顺序。

（3）运输构件时，应根据构件的长度、重量、断面形状选用车辆；构件在运输车辆上的支点、两端伸长的长度及绑扎方法均应保证构件不产生永久变形、不损伤涂层。构件起吊必须按设计吊点起吊，不得随意。

（4）公路运输装运的高度极限为 4.5m，如需通过隧道时，则高度极限 4m，构件长出车身不得超过 2m。钢构件运输如图 7-42 所示。

图 7-42 钢构件运输示意图

2. 构件堆放

构件吊装作业时必须明确指挥人员，统一指挥信号。钢构件必须有防滑垫块，上部构件必须绑扎牢固，结构构件必须有防滑支垫。构件运进场地后，应按规定或编号顺序有序地摆放在规定的位置，场内堆放地必须坚实，以防构件下沉和使构件变形。堆放构件时要码靠稳妥，垫块摆放位置要上下对齐，受力点要在一条线上。装卸构件时要妥善保护涂装层，必要时要采取软质吊具。随运构件（节点板、零部件等）应设标牌，标明构件的名称和编号。钢构件堆放如图 7-43 所示。

图 7-43　钢构件堆放示意图

7.2.2　预埋件复验

为便于钢结构构件与混凝土结构连接，在混凝土结构施工时需要预先埋设螺栓、预埋钢板和锚筋等，预埋件安装施工前需要进行复验。

（1）预埋件材料的品种、规格必须符合设计要求，并有产品质量证明书。当设计有复验要求时，尚应按规定进行复验并在合格后方准使用。

（2）当由于采购等原因不能满足设计要求需要代换时，应征得设计工程师的认可并办理相应的设计变更文件。

（3）预埋钢板的平整度及预埋螺杆的顺直度影响使用时应进行校平和矫直处理，并在运输时进行必要的保护，预埋螺杆的丝扣部位应采用塑料套管加以保护，防止丝扣破坏。

（4）安装前应与技术人员办理测量控制线交接手续，复核给定的测量控制线，根据该控制线引测预埋件（预埋螺栓）的平面及高程控制线。

（5）预埋件及预埋螺栓在现场应分类存放，设专人保管，防止雨水侵蚀、挤压变形和丝扣破损。

（6）预埋件和预埋螺栓埋设定位后应进行跟踪检查，防止其他工序施工使预埋件和螺栓位置发生变化，影响安装精度。

（7）预埋螺栓安装定位后应采用不干胶带或塑料套管加以保护，防止丝扣破损或混凝土浇筑时对丝扣造成污染。

7.2.3　构件安装

1. 安装前准备工作

（1）对所有进场部品、零配件及辅助材料应按设计规定的品种、规格、尺寸和外观要求进行检查，并应有合格证和性能检测报告。

（2）安装前应进行技术交底。

（3）应将部品连接面清理干净，并对预埋件和连接件进行清理和防护。

（4）应按部品排板图进行测量放线。

（5）部品吊装应采用专用吊具，起吊和就位应平稳，防止磕碰。

2. 安装要求

（1）钢结构安装须在下部结构轴线及预埋件验收合格后进行，预埋件中心与设计定位间的偏差超过 10mm 则需进行调整。钢结构的安装顺序由安装单位与设计单位商量确定。

（2）未经设计人员同意，不得任意增加施工荷载。

（3）所有钢结构成品或单元式成品应全部在工厂制作及完成喷漆，现场仅进行成品安装或单元式大件拼装（钢结构屋顶可以在现场拼装）。

（4）所有钢结构构件须足尺放样后方可下料加工，焊接节点间的杆件长度应考虑焊接收缩量。

（5）钢结构制作与安装的工序按如下方式进行：工厂备料及开料→工厂制作→现场放线、预埋件施工→工厂金属基层防锈处理→工厂底、中、面漆喷涂→工厂包装后运输到现场→进场检验→安装验收。

（6）钢结构构件应按《钢结构工程施工质量验收标准》GB 50205—2020 和国家的有关规定进行制作、安装及验收。

7.2.4　喷涂面漆

钢结构现场喷涂应满足下列规定：

（1）构件在运输、存放和安装过程中损坏的涂层以及安装连接部位的涂层应进行现场补漆，并应符合原喷涂工艺要求。

（2）构件表面的喷涂系统应相互兼容。

（3）防火涂料应符合国家现行有关标准的规定。

（4）现场防腐和防火涂装应符合现行国家标准《钢结构工程施工规范》GB 50755—2012 和《钢结构工程施工质量验收标准》GB 50205—2020 的规定。

7.2.5　质检与维护

1. 质检

（1）装配式钢结构的验收应符合现行国家标准的相关规定。当现行国家标准对工程中的验收项目未作具体规定时，应由建设单位组织设计、施工、监理等相关单位制定验收要求。

（2）同一厂家生产的同批材料、部品，用于同期施工且属于同一工程项目的多个单位工程时，可合并进行进场验收。

（3）部品部件应符合国家现行有关标准的规定，并应具有产品标准、出厂检验合格证、质量保证书和使用说明文件书。

（4）多层及高层钢结构应满足下列要求：

1）多层及高层钢结构的柱与柱、主梁与柱的接头，一般用焊接方法连接，焊缝的收缩值以及荷载对柱的压缩变形对建筑物的外形尺寸有一定的影响。因此，柱的制作长度要考虑荷载对柱的压缩变形值和接头焊缝的收缩变形值，梁要考虑焊缝的收缩变形值。

2）多层及高层钢结构每节柱的定位轴线，一定要从地面的控制轴线直接引上来。这是因为下面一节柱的柱顶位置有安装偏差，所以不得用下节柱的柱顶位置线作为上节柱的定位轴线。

3）多层及高层钢结构安装中，建筑物的高度可以按相对标高控制，也可按设计标高控制，在安装前要先决定选用哪一种方法。

2. 维护

（1）维护一般规定

1）装配式钢结构建筑的设计文件应注明其设计条件、使用性质及使用环境。

2）装配式钢结构建筑的建设单位在交付物业时，应按国家有关规定的要求，提供《建筑质量保证书》和《建筑使用说明书》。

3）《建筑质量保证书》除应按现行有关规定执行外，尚应注明相关部品部件的保修期限与保修承诺。

4）《建筑使用说明书》除应按现行有关规定执行外，尚应包含以下内容：

① 二次装修、改造的注意事项，应包含允许业主或使用者自行变更的部分与禁止部分。

② 建筑部品部件生产厂、供应商提供的产品使用维护说明书，主要部品部件宜注明合理的检查与使用维护年限。

5）建设单位应当在交付销售物业之前，制定临时管理规约，除应满足相关法律法规要求外，尚应满足设计文件和《建筑使用说明书》的有关要求。

6）建设单位移交相关资料后，业主与物业服务企业应按法律法规要求共同制定物业管理规约，并宜制定《检查与维护更新计划》。

7）使用与维护宜采用信息化手段，建立建筑、设备与管线等的管理档案。当遇地震、火灾等灾害时，灾后应对建筑进行检查，并视破损程度进行维修。

（2）使用时的维护

1）柱脚在地面以下的部分应采用强度等级较低的混凝土包裹（保护层厚度不应小于50mm），并应使包裹的混凝土高出地面约150mm。当柱脚底面在地面以上时，则柱脚底面应高出地面不小于100mm。

2）受侵蚀介质作用的结构以及在使用期间不能重新油漆的结构部位应采取特殊的防锈措施。受侵蚀性介质作用的柱脚不宜埋入地下。

3）受高温作用的结构，应根据不同情况采取下列防护措施：

① 当结构可能受到炽热熔化金属的侵害时，应采用砖或耐热材料做成的隔热层加以保护。

② 当结构的表面长期受辐射热达150℃以上或在短时间内可能受到火焰作用时，应采取有效的防护措施（如加隔热层或水套等）。

7.3 装配式木结构建筑施工技术

7.3.1 构件运输与堆放

木结构施工图集锦

对预制木结构组件和部品的运输和储存应制定实施方案，实施方案可包括运输时间、次序、堆放场地、运输路线、固定要求、堆放支垫及成品保护措施等项目。对大型组件、部品的运输和储存应采取专门的质量安全保证措施。在运输与堆放时，支承位置应按计算确定。

1. 构件运输

（1）预制木结构组件水平运输时，应将组件整齐地堆放在车厢内，如图7-44所示。梁、柱等预制木组件可分层分隔堆放，上、下分隔层垫块应竖向对齐，悬臂长度不宜大于组件长度的1/4。板材和规格材应纵向平行堆垛、顶部压重存放。

图7-44 构件运输示意图

（2）预制木桁架整体水平运输时，宜竖向放置，支承点应设在桁架两端节点支座处，下弦杆的其他位置不得有支承物；在上弦中央节点处的两侧应设置斜撑，应与车厢牢固连接；应按桁架的跨度大小设置若干对斜撑。数榀桁架并排竖向放置运输时，应在上弦节点处用绳索将各桁架彼此系牢。

（3）预制木结构墙体宜采用直立插放架运输和储存，插放架应有足够的承载力和刚度，并应支垫稳固。

2. 构件堆放

（1）组件应存放在通风良好的仓库或防雨、通风良好的有顶部遮盖场所内，堆放场地应平整、坚实，并应具备良好的排水设施。

（2）施工现场堆放的组件，宜按安装顺序分类堆放，堆垛宜布置在吊车工作范围内，且不受其他工序施工作业影响的区域。

（3）采用叠层平放的方式堆放时，应采取防止组件变形的措施。

（4）吊件应朝上，标志宜朝向堆垛间的通道。

（5）支垫应坚实，垫块在组件下的位置宜与起吊位置一致。

（6）采用靠架堆放时，靠架应具有足够的承载力和刚度，与地面倾斜角度宜大于80°。

（7）堆放曲线形组件时，应按组件形状采取相应保护措施。构件堆放如图7-45所示。

图7-45　构件堆放示意图

7.3.2　构件组装

装配式木结构建筑安装应按结构形式、工期要求、工程量以及机械设备等现场条件，合理设计装配顺序，组织均衡有效的安装施工流水作业。

构件组装可根据现场情况、吊装要求等条件采用以工厂预制组件作为安装单元、现场对工厂预制组件进行组装后作为安装单元或者采用两种单元的混合安装单元进行构件组装。构件组装如图7-46所示。

图 7-46　构件组装示意图

现场构件组装时，未经设计允许不应对预制木结构组件进行切割、开洞等影响其完整性的行为。现场组装全过程中，应采取防止预制组件、建筑附件及吊件等受潮、破损、遗失或污染的措施。当预制木结构组件之间的连接件采用暗藏方式时，连接件部位应预留安装孔。组装完成后，安装孔应予以封堵。装配式木结构建筑安装全过程中，应采取安全措施，并应符合现行行业标准《建筑施工高处作业安全技术规范》JGJ 80—2016、《建筑施工起重吊装工程安全技术规范》JGJ 276—2012 和《施工现场临时用电安全技术规范》JGJ 46—2005 等的规定。

7.3.3　构件涂饰

装配式木结构构件组装完毕，应严格按照规范要求进行涂饰，木构件涂饰一般包括以下内容：

（1）清除木材面毛刺、污物，用砂布打磨光滑。

（2）打底层腻子，干后砂布打磨光滑。

（3）按设计要求的底漆、面漆及层次逐层施工。

（4）混色漆严禁脱皮、漏刷、反锈、透底、流坠、皱皮。

（5）清漆严禁脱皮、漏刷、斑迹、透底、流坠、皱皮，表面光亮、光滑、线条平直。

（6）桐油应用干净布浸油后挤干，揉涂在干燥的木材面上。严禁漏涂、脱皮、起皱、斑迹、透底、流坠，表面光亮光滑，线条平直。

（7）木平台烫蜡、擦软蜡工程，所使用蜡的品种、质量必须符合设计要求，严禁在施工过程中烫坏地板和损坏板面。

7.3.4　质检与维护

1. 施工质量控制

木结构工程应按照下列规定控制施工质量：

（1）木结构采用的木材（含规格材、木基结构板材）、钢构件和连接件、胶粘剂及层板胶合木构件、器具及设备应进行现场验收。凡涉及安全、功能的材料或产品应按相应的专业工程质量验收规范的规定复验，并经监理工程师（建设单位技术负责人）检查认可。

（2）各工序应按施工技术标准控制质量，每道工序完成后，应进行检查。

（3）相关各专业工种之间应进行交接检验，并形成记录。未经监理工程师（建设单位负责任人）检查认可，不得进行下道工序施工。

2. 检查与维护

（1）装配式木结构建筑的检查应包括下列项目：

1）预制木结构组件内和组件间连接松动、破损或缺失情况。

2）木结构屋面防水、损坏和受潮等情况。

3）木结构墙面和天花板的变形、开裂、损坏和受潮等情况。

4）木结构组件之间的密封胶或密封条损坏情况。

5）木结构墙体面板固定螺钉松动和脱落情况。

6）室内卫生间、厨房的防水和受潮等情况。

7）消防设备的有效性和可操控性情况。

8）虫害、腐蚀等生物危害情况。

装配式木结构建筑的检查可采用目测观察或手动检查。当发现隐患时宜选用其他无损或微损检测方法进行深入检测。当有需要时，装配式木结构建筑可进行门窗组件气密性、墙体和楼面隔声性能、楼面振动性能、建筑围护结构传热系数、建筑物动力特性等专项测试。

（2）对于检查项目中不符合要求的内容，应组织实施一般维护。一般维护包括：① 修复异常连接件；② 修复受损木结构屋盖板，并清理屋面排水系统；③ 修复受损墙面、天花板；④ 修复外墙围护结构渗水；⑤ 更换或修复已损坏或已老化零部件；⑥ 处理和修复室内卫生间、厨房的渗漏水和受潮；⑦ 更换异常消防设备。对一般维护无法修复的项目，应组织专业施工单位进行维修、加固和修复。

189

习　题

1. 预制构件码放储存有哪几种方式？

2. 简述预制构件码放与运输要求。

3. 简述预制框架柱、预制剪力墙、预制混凝土外墙挂板吊装流程。

4. 简述预制框架梁、预制叠合楼板、预制楼梯吊装施工流程。

5. 简述钢筋套筒连接接头的组成。

6. 灌浆设备包括哪几种？

7. 简述竖向构件钢筋灌浆套筒连接原理及连接工艺。

8. 简述水平构件钢筋灌浆套筒连接原理及连接工艺。

9. 简述钢结构预埋件复验、构件安装和喷涂面漆的基本要求。

10. 简述木结构构件组装和构件涂饰的基本要求。

教学单元 8

BIM 与装配式建筑

【**教学目标**】通过本部分学习，掌握 BIM 的概念、7D·BIM 包含的内容；了解 BIM 相关政策和标准；掌握装配式建筑物联网系统的组成及核心技术；掌握 BIM 在装配施工阶段构件管理、工程进度控制、成本管理以及质量管理等方面的应用。

【**课程思政**】BIM 技术大量应用于火神山、雷神山医院建设项目，利用 BIM 技术提前进行场布及各种设施模拟，按照医院建设的特点，对采光、管线布置、能耗分析等进行优化模拟，确定最优建筑方案和施工方案。通过案例学习，引导学生认识到 BIM 技术的重要性和强大性，提高学生积极学习 BIM 技术的兴趣。让学生了解国家的基建情况，增强学生对中国特色社会主义的道路自信。

8.1　BIM 简介

BIM 概念图

8.1.1　BIM 概念

BIM（Building Information Modeling），即建筑信息模型。BIM 技术被国际工程界公认为建筑业生产力革命性技术，即在建筑设计、施工、运维过程的整个或者某个阶段中，应用 3D（三维模型）、4D（三维模型＋时间）、5D（三维模型＋时间＋投标工序）、6D（三维模型＋时间＋投标工序＋企业定额工序）、7D（三维模型＋时间＋投标工序＋企业定额工序＋进度工序）的信息技术，来进行协同设计、协同施工、虚拟仿真、工程量计算、造价管理、设施运行的技术和管理手段。可以说 BIM 就是一个 7D 结构化数据库，它将数据细化到构件级别，甚至到材料级别。应用 BIM 信息技术可以消除各种可能导致工期拖延的设计隐患，提高项目实施中的管理效率，并且促进工程量和资金的有效管理。

例如鲁班 BIM 创建 7D·BIM，即 3D 实体、1D 时间、1D·BBS（投标工序）、1D·EBS（企业定额工序）、1D·WBS（进度工序），通过建造阶段项目全过程管理，提高精细化管理水平，大幅提升利润、质量和进度，为企业创造价值，打造核心竞争力，如图 8-1、图 8-2 所示。

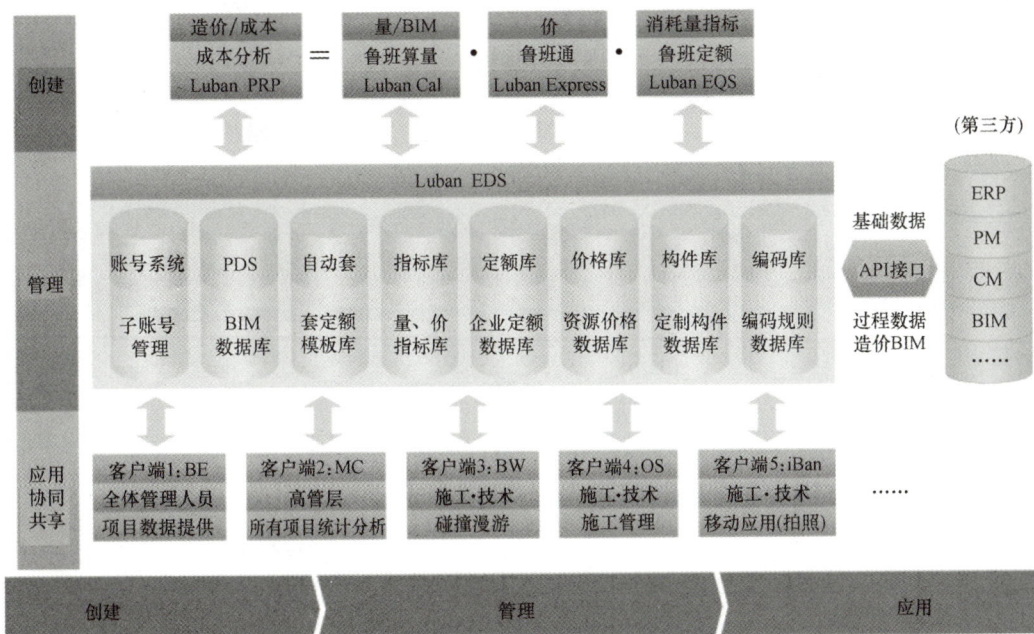

图 8-1　BIM 整体解决方案系统架构图

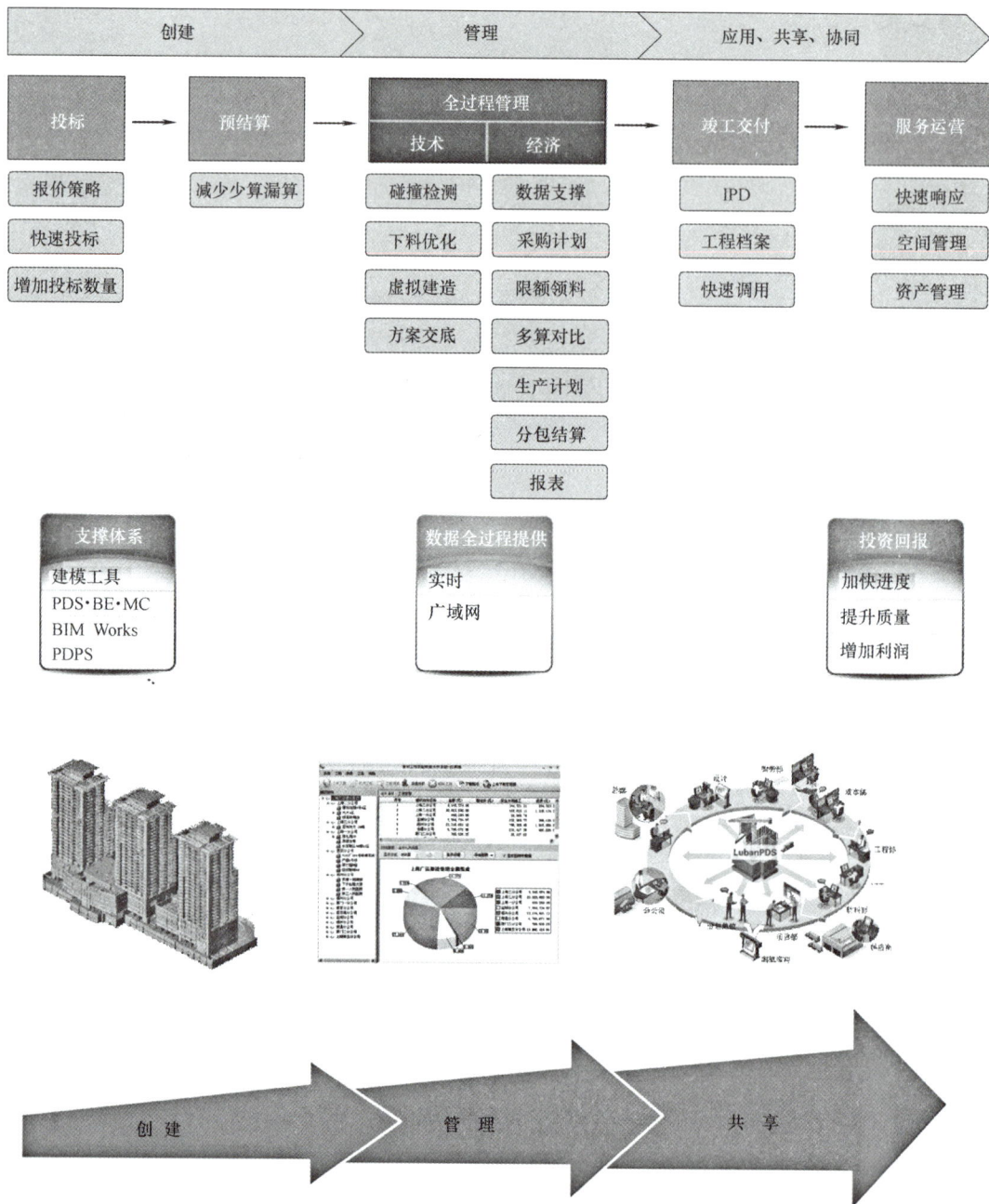

创建	管理	应用、共享、协同

投标	预结算	全过程管理		竣工交付	服务运营
		技术	经济		

投标
- 报价策略
- 快速投标
- 增加投标数量

预结算
- 减少少算漏算

全过程管理（技术）
- 碰撞检测
- 下料优化
- 虚拟建造
- 方案交底

全过程管理（经济）
- 数据支撑
- 采购计划
- 限额领料
- 多算对比
- 生产计划
- 分包结算
- 报表

竣工交付
- IPD
- 工程档案
- 快速调用

服务运营
- 快速响应
- 空间管理
- 资产管理

支撑体系
- 建模工具
- PDS·BE·MC
- BIM Works
- PDPS

数据全过程提供
- 实时
- 广域网

投资回报
- 加快进度
- 提升质量
- 增加利润

创 建	管 理	共 享

图 8-2 项目全过程 BIM 应用解决方案

8.1.2 BIM 相关政策和标准

为贯彻落实国务院推进信息技术发展的有关文件精神，住房和城乡建设部于 2015 年 6 月 16 日发布了《关于推进建筑信息模型应用的指导意见》（建质函〔2015〕159 号），为普及应用 BIM 技术提出了明确要求和具体措施。住房和城乡建设部于 2016 年 8 月

23 日印发了《2016—2020 年建筑业信息化发展纲要》，旨在增强建筑业信息化发展能力，优化建筑业信息化发展环境，加快推动信息技术与建筑业发展深度融合。2016 年 12 月 2 日，住房和城乡建设部发布第 1380 号公告，批准《建筑信息模型应用统一标准》为国家标准，编号为 GB/T 51212—2016，自 2017 年 7 月 1 日起实施。作为我国第一部建筑信息模型应用的工程建设标准，提出了建筑信息模型应用的基本要求，是建筑信息模型应用的基础标准，可作为我国建筑信息模型应用及相关标准研究和编制的依据。部分 BIM 相关政策和标准见表 8-1。

BIM 相关政策和标准　　　　　　　　　　　　　　　表 8-1

序号	发布机构 / 省市	政策 / 标准名称	发布时间
1	住房和城乡建设部	关于推进建筑业发展和改革的若干意见	2014 年
2	住房和城乡建设部	关于推进建筑信息模型应用的指导意见	2015 年
3	住房和城乡建设部	2016—2020 年建筑业信息化发展纲要	2016 年
4	住房和城乡建设部	建筑信息模型应用统一标准 GB/T 51212—2016	2016 年
5	住房和城乡建设部	建筑信息模型施工应用标准 GB/T 51235—2017	2017 年
6	住房和城乡建设部	建筑信息模型存储标准 GB/T 51447—2021	2021 年
7	北京市	民用建筑信息模型设计标准 DB11/T 1069—2014	2014 年
8	上海市	关于进一步加强上海市建筑信息模型技术推广应用的通知	2017 年
9	天津市	天津市民用建筑信息模型（BIM）设计技术导则	2016 年
10	广东省	关于开展建筑信息模型（BIM）技术推广应用的通知	2014 年
11	浙江省	浙江省建筑信息模型（BIM）技术应用导则	2016 年
12	济南市	关于加快推进建筑信息模型（BIM）技术应用的意见	2016 年
13	深圳市	深圳市建筑工务署政府公共工程 BIM 应用实施纲要及深圳市建筑工务署 BIM 实施管理标准	2015 年
14	沈阳市	推进我市建筑信息模型技术应用的工作方案	2016 年
15	成都市	关于在成都市开展建筑信息模型（BIM）技术应用的通知	2016 年
16	黑龙江省	关于推进我省建筑信息模型应用的指导意见	2016 年
17	云南省	关于推进建筑信息模型技术应用的实施意见	2016 年

193

8.2　BIM 在装配式建筑中的应用

BIM 应用图

　　在装配式建筑中采用 BIM 技术，可以打通装配式建筑深化设计、构件生产、装配施工环节等全产业链的 BIM 技术应用，并实现 BIM 交付、数据共享。通过建立基于 BIM、物联网等技术的云平台，为装配式建筑提供平台支撑，使产业链各参与方之间在各阶段、各环节的信息渠道畅通。

目前，很多装配式建筑工程在深化设计、构件生产、装配施工等过程中尝试应用BIM技术。在预制构件深化设计阶段，应用BIM技术建立丰富的预制构件资源库，提高深化设计效率；在预制构件加工阶段，在预制工厂、运输和施工现场之间，应用物联网技术对预制构件的加工信息、库存信息、运输信息和现场堆放信息进行有效管理；在现场安装阶段，研发和应用基于BIM、物联网的预制装配式施工现场管理系统，突破地域、时间界限，对施工现场的各种生产要素进行合理配置与优化。

8.2.1　BIM在构件生产过程中的应用

构件生产环节是装配式建筑建造中特有的环节，也是构件由设计信息转化为实体的阶段。为了使预制构件实现自动化生产，需要将BIM设计信息直接导入工厂中央控制系统，并转化成机械设备可读取的生产数据信息。通过工厂中央控制系统将BIM模型中的构件信息直接传送给生产设备自动化精准加工，提高作业效率和精准度。工厂化生产信息管理系统可以结合无线射频识别（RFID）与二维码等物联网技术及移动终端技术实现生产排产、物料采购、模具加工、生产控制、构件质量、库存和运输等信息化管理。构件模拟生产如图8-3所示。

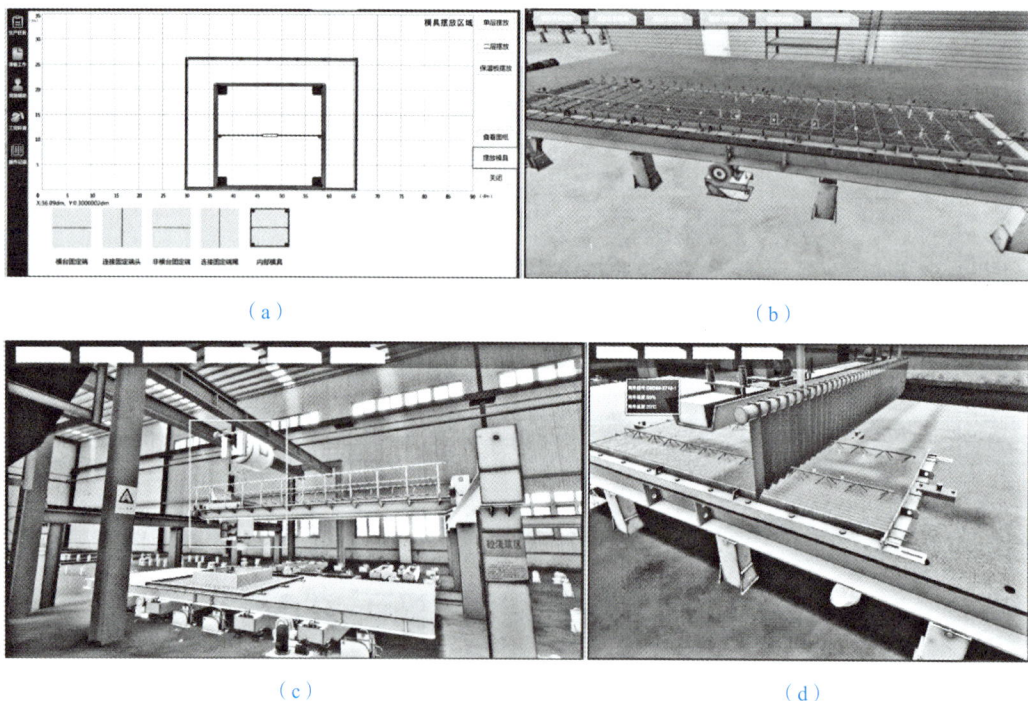

（a）

（b）

（c）

（d）

图8-3　构件模拟生产示意图
（a）模具摆放；（b）钢筋绑扎；（c）混凝土浇筑；（d）拉毛收光

物联网的核心技术是RFID技术，它是一种非接触式的自动识别技术，通过射频信号自动识别目标对象并获取相关数据，识别工作无须人工干预，可工作于各种恶劣环

境，RFID 技术可同时识别多个标签，操作
快捷方便。在国内，RFID 已经在身份证、
电子收费系统和物流管理等领域有了广泛
应用。RFID 设备如图 8-4 所示。

　　装配式建筑物联网系统是以单个部品
（构件）为基本管理单元，以无线射频芯片
（RFID 及二维码）为跟踪手段，以工厂部
品生产、现场装配为核心，以工厂的原材
料检验、生产过程检验、出入库、部品运
输、部品安装、工序监理验收为信息输入
点，以单项工程为信息汇总单元的物联网系统，如图 8-5 所示。

图 8-4　RFID 设备

图 8-5　芯片绑定

　　该系统是集行业门户、企业认证、工厂生产、运输安装、竣工验收、大数据分析、
工程监理等为一体的物联网系统（如图 8-6 所示），可以贯穿装配式建筑施工与管理的
全过程。实际上从深化设计开始就已经将每个构件唯一的"身份证"——ID 识别码编
制出来，为预制构件生产、运输存放、装配施工包括现浇构件施工等一系列环节的实
施提供关键技术基础，保证各类信息跨阶段无损传递、高效使用，实现精细化管理，
实现可追溯性。在构件生产制造阶段，需要对构件置入 RFID 标签，标签内包含有构件
单元的各种信息，以便于在运输、存储、施工吊装的过程中对构件进行管理。由于装
配式建筑所需构件数量巨大，要想准确识别每一个构件，就必须给每个构件赋予唯一
的编码。所建立的编码体系不仅能唯一识别单一构件，而且能从编码中直接读取构件
的位置信息。因而施工人员不仅能自动采集施工进度信息，还能根据 RFID 编码直接得
出预制构件的位置信息，确保每一个构件安装的位置正确。

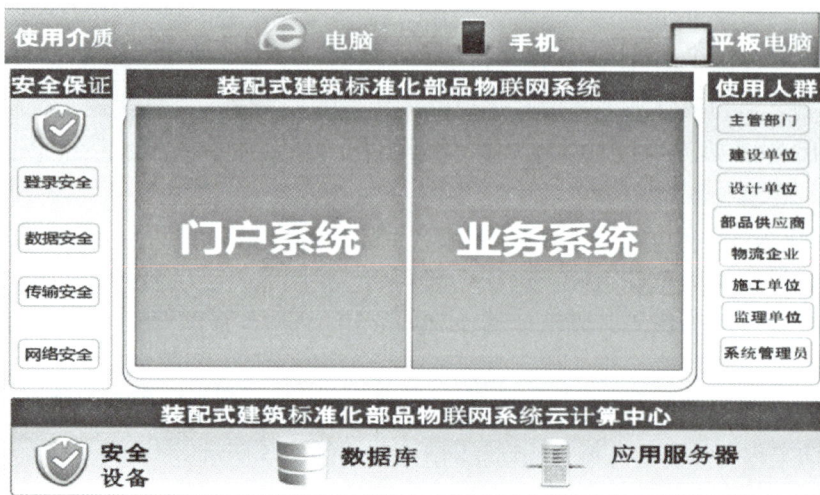

图 8-6 物联网系统界面示意图

8.2.2 BIM 在构件安装过程中的应用

在装配式建筑构件安装阶段，BIM 与 RFID 结合可以发挥较大作用，如构件存储管理、工程进度控制等方面。在装配式建筑施工过程中，通过 BIM 和 RFID 将设计、构件生产、装配施工等各阶段紧密联系起来，不但解决了信息创建、管理、传递的问题，而且 BIM 模型、三维图纸、装配模拟、采购、制造、运输、存放、安装的全程跟踪等手段为工业化建造方法的普及奠定了坚实的基础，对于实现建筑工业化有极大的推动作用。装配模拟施工如图 8-7 所示。

1. 装配施工阶段构件管理

装配式建筑施工管理过程中，应当重点考虑两方面的问题：一是构件入场的管理，二是构件吊装施工中的管理。在此阶段，以 RFID 技术为主追踪监控构件存储吊装的实际进程，并以无线网络即时传递信息，同时配合 BIM，可以有效地对构件进行追踪控制。RFID 与 BIM 相结合的优点在于信息准确丰富，传递速度快，减少人工录入信息可能造成的错误，使用 RFID 标签最大的优点就在于其无接触式的信息读取方式，在构件进场检查时，甚至无须人工介入，直接设置固定的 RFID 阅读器，只要运输车辆速度满足条件，即可采集数据。

2. 工程进度控制

在进度控制方面，BIM 与 RFID 的结合应用可以有效地收集施工过程进度数据，利用相关进度软件，如 P3、MS Project 等，对数据进行整理和分析，并可以对施工过程应用 BIM·7D 技术进行可视化的模拟。然后，将实际进度数据分析结果和原进度计划相比较，得出进度偏差量。最后，进入进度调整系统，采取调整措施加快实际进度，确保总工期不受影响。在施工现场中，可利用手持或固定的 RFID 阅读器收集标签上的构件信息，管理人员可以及时地获取构件的存储和吊装情况的信息，并通过无线感应网络及时传递进度信息。获取的进度信息可以以 Project 软件 mpp 文件的形式导入 Navisworks Manage 软件中进行进度的模拟，并与计划进度进行比对，可以很好地掌握工程的实际进度状况。

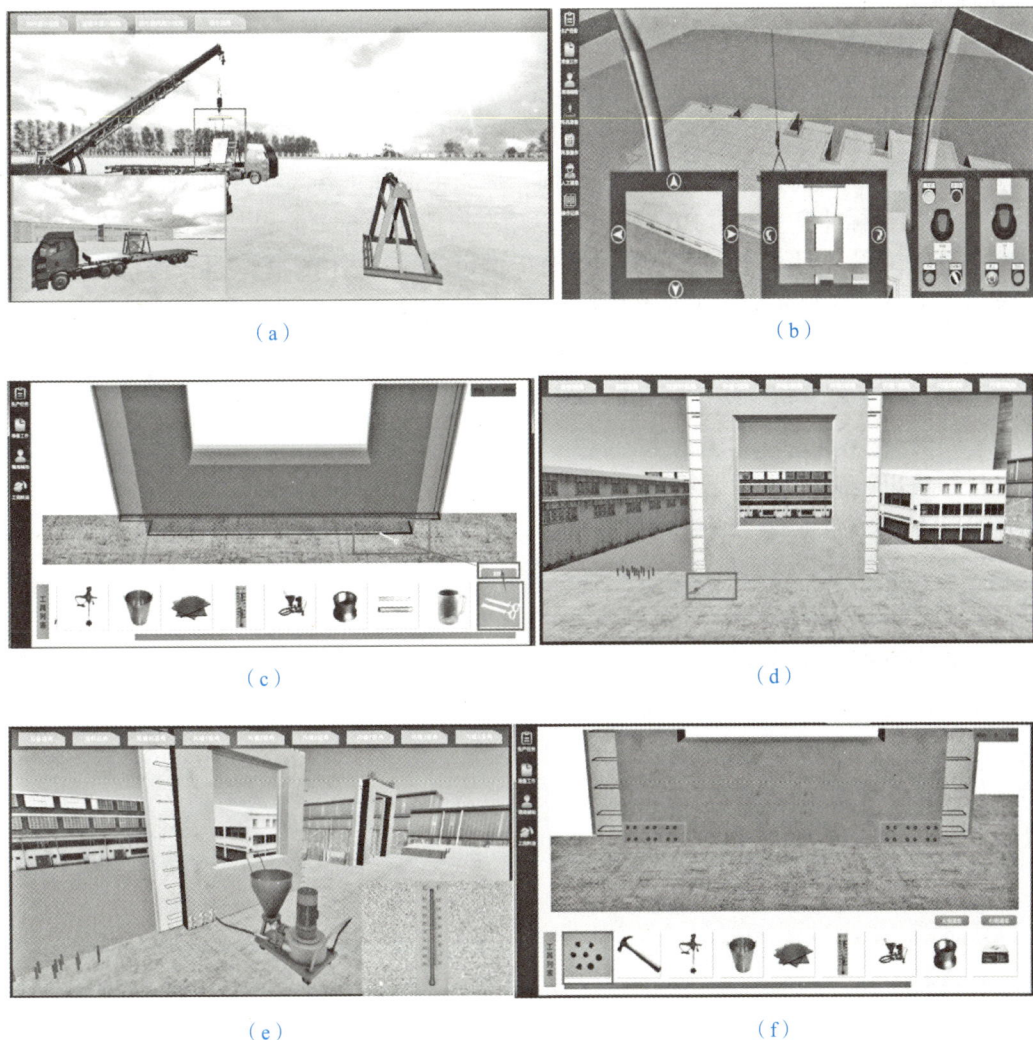

（a）

（b）

（c）

（d）

（e）

（f）

图 8-7　装配模拟施工示意图

（a）构件运输吊装；（b）构件吊至目标位置；（c）封缝操作二维界面；
（d）封缝操作三维场景；（e）灌浆操作三维场景；（f）胶塞封堵二维界面

3. 成本管理

在工程项目施工过程中，施工预算、施工结算、合同管理、设备采购等工作可应用 BIM 技术进行相关记录和分析。在施工成本管理 BIM 应用中，根据 BIM 施工模型、实际成本数据的收集与整理，创建 BIM 成本管理模型，将实际发生的材料价格、施工变更、合同签订、设备采购等信息与 BIM 成本管理模型关联及模拟分析，将统计及分析出的构件工程量、施工预算信息、施工结算信息等分别存储至 BIM 云平台，以方便项目各参与方查看。用于工程造价的 BIM 软件就是指 BIM 技术的 7D 应用，它利用 BIM 模型的数据进行工程量统计和造价分析，也可以依据施工计划动态提供造价管理需要的数据。目前，国内 BIM 造价管理软件用得较多的有鲁班算量计价软件、广联达算量计价软件等。

4. 质量管理

通过 BIM 技术创建 BIM 模型存储了完整的建筑信息，所有构件的材质、尺寸和空间位置都能够清晰地显示在模型中，并且可以对建筑模型进行装修，未施工前，整个项目的最终模型就能呈现在各参与方面前，极大地消除了各参与方对项目外观质量和装修效果的目标冲突。利用 BIM 平台可以动态模拟施工技术流程，建立标准化工艺流程，保证专项施工技术在实施过程中细节上的可靠性，再由施工人员按照仿真施工流程施工，可以大大减少施工人员各工种之间因为相互影响出现矛盾等情况的出现。

198

习　　题

1. 简述 BIM 的概念及 7D·BIM 包含的内容。
2. BIM 相关政策和标准主要包括哪些？
3. 简述装配式建筑物联网系统的原理。
4. 物联网的核心技术是什么？
5. 简述 BIM 在构件安装过程中的应用范围。

参 考 文 献

［1］中华人民共和国住房和城乡建设部. 混凝土结构工程施工质量验收规范：GB 50204—2015. 北京：中国建筑工业出版社，2015.

［2］中华人民共和国住房和城乡建设部. 钢筋套筒灌浆连接应用技术规程：JGJ 355—2015. 北京：中国建筑工业出版社，2015.

［3］中华人民共和国住房和城乡建设部. 钢筋机械连接用套筒：JG/T 163—2013. 北京：中国标准出版社，2013.

［4］中华人民共和国住房和城乡建设部. 钢筋连接用套筒灌浆料：JG/T 408—2019. 北京：中国标准出版社，2019.

［5］中国建筑标准设计研究院. 装配式混凝土结构预制构件选用目录（一）：16G116-1. 北京：中国计划出版社，2016.

［6］中华人民共和国住房和城乡建设部. 预制带肋底板混凝土叠合楼板技术规程：JGJ/T 258—2011. 北京：中国建筑工业出版社，2011.

［7］中华人民共和国住房和城乡建设部. 装配式混凝土结构技术规程：JGJ 1—2014. 北京：中国建筑工业出版社，2014.

［8］山东省住房和城乡建设厅. 装配整体式混凝土结构工程预制构件制作与验收规程：DB37/T 5020—2014. 北京：中国建筑工业出版社，2014.

［9］山东省住房和城乡建设厅. 装配整体式混凝土结构工程施工与质量验收规程：DB37/T 5019—2014. 北京：中国建筑工业出版社，2014.

［10］中华人民共和国住房和城乡建设部住宅产业化促进中心. 装配式混凝土结构技术导则. 北京：中国建筑工业出版社，2015.

［11］装配式混凝土结构工程施工编委会. 装配式混凝土结构工程施工. 北京：中国建筑工业出版社，2015.

［12］山东省建筑工程管理局. 山东省建筑业施工特种作业人员管理暂行办法. 2013.

［13］济南市城乡建设委员会建筑产业化领导小组办公室. 装配整体式混凝土结构工程施工. 北京：中国建筑工业出版社，2015.

［14］济南市城乡建设委员会建筑产业化领导小组办公室. 装配整体式混凝土结构工程工人操作实务. 北京：中国建筑工业出版社，2015.

［15］国务院办公厅. 关于大力发展装配式建筑的指导意见. 2016.

［16］中华人民共和国住房和城乡建设部. "十三五"装配式建筑行动方案. 2017.

［17］中华人民共和国住房和城乡建设部. 建筑业发展"十三五"规划. 2017.

［18］北京市住房和城乡建设委员会. 装配式混凝土结构工程施工与质量验收规程：DB11/T 1030—2013. 北京市住房和城乡建设委员会，2013.

［19］中国建筑标准设计研究院. 装配式混凝土结构连接节点构造：G310-1 ～ 2. 北京：中国计划出版社，2015.

［20］中国建筑标准设计研究院. 预制混凝土剪力墙外墙板：15G365-1. 北京：中国计划出版社，2015.

［21］中国建筑标准设计研究院. 预制混凝土剪力墙内墙板：15G365-2. 北京：中国计划出版社，2015.

［22］中国建筑标准设计研究院. 桁架钢筋混凝土叠合板（60mm 厚底板）：15G366-1. 北京：中国计划出版社，2015.

［23］中国建筑标准设计研究院. 预制钢筋混凝土板式楼梯：15G367-1. 北京：中国计划出版社，

2015.

［24］中国建筑标准设计研究院. 预制钢筋混凝土阳台板、空调板及女儿墙：15G368-1. 北京：中国计划出版社，2015.

［25］中国建筑标准设计研究院. 装配式混凝土结构表示方法及示例（剪力墙结构）：15G107-1. 北京：中国计划出版社，2015.

［26］中国建筑标准设计研究院. 装配式混凝土结构住宅建筑设计示例（剪力墙结构）：15J939-1. 北京：中国计划出版社，2015.

［27］张波等. 建筑产业现代化概论. 北京：北京理工大学出版社，2016.

［28］肖明和，苏洁. 装配式建筑混凝土构件生产. 北京：中国建筑工业出版社，2018.

［29］肖明和，张蓓. 装配式建筑施工技术. 北京：中国建筑工业出版社，2018.

［30］住房和城乡建设部科技与产业化发展中心. 中国装配式建筑发展报告（2017）. 北京：中国建筑工业出版社，2017.

［31］林文峰等. 装配式混凝土结构技术体系和工程案例汇编. 北京：中国建筑工业出版社，2017.

［32］中华人民共和国住房和城乡建设部. 装配式钢结构建筑技术标准：GB/T 51232—2016. 北京：中国建筑工业出版社，2017.

［33］中华人民共和国住房和城乡建设部. 装配式混凝土建筑技术标准：GB/T 51231—2016. 北京：中国建筑工业出版社，2017.

［34］中华人民共和国住房和城乡建设部. 装配式木结构建筑技术标准：GB/T 51233—2016. 北京：中国建筑工业出版社，2017.

［35］叶明. 装配式建筑概论. 北京：中国建筑工业出版社，2018.

［36］中华人民共和国住房和城乡建设部. "十四五"建筑业发展规划. 2022.

［37］中华人民共和国住房和城乡建设部，等. 关于推动智能建造与建筑工业化协同发展的指导意见. 2020.